生命の農

梁瀬義亮と複合汚染の時代

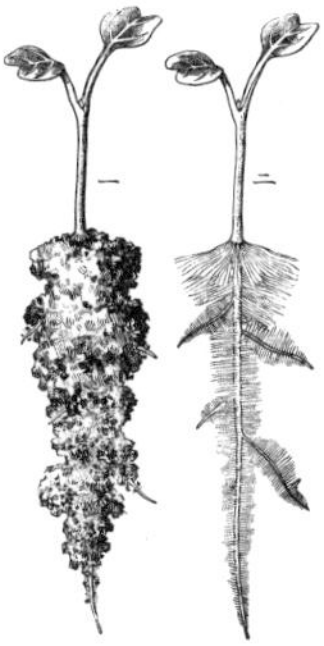

林 真司 著

みずのわ出版

序章　高度経済成長の光と影

梁瀬義亮（1920-1993）
財団法人慈光会提供

奈良市から、南におよそ四〇キロ離れたところに、奈良県五條市はある。五條市の中心部には、遙か大台ケ原に源流をもつ吉野川が滔滔と流れているが、そこからわずかに下流へいくと和歌山県に入り、川の名称も紀ノ川へと変わる。和泉山脈を遠望しながらこの川をさらに下ると、やがて紀伊水道に達し河水は潮と渾然一体となる。

五條は江戸期には、幕府直轄の天領であったことから、地方行政の府として、多くの商工業者が集まり賑わいを見せた。吉野川に寄り添うように市街はできているのだが、その中心に位置する新町通り（旧紀州街道）には、当時からの古い商家がいまも複数残され、貴重な歴史的景観を形成している。

一九九三年五月二〇日、この新町通り近傍にある宝満寺で、告別式がしめやかに営まれた。平素は昼間でも人影がまばらな所なのに、当日は寺の前に供花がずらりと並び、訃報を聞いて各地からやってきた参列者が一三〇〇人にものぼった。

「現代の赤ひげ」、「昭和の華岡青洲」ともいわれた、医師梁瀬義亮《やなせぎりょう》の葬儀に、全国から集まった人々であった。四列にならんだ焼香者の葬列は、葬儀が執り行われている寺から数百メートル離れた国道二四号にまで延び、途切れることなく続いた。

レイチェル・カーソンが、農薬による公害問題を告発した『SILENT SPRING』（邦題は、単行本が『生と死の妙薬』、文庫版で『沈黙の春』に改題）を雑誌に連載して、一大センセーションを巻き起こしたのが一九六一年のことである。しかしそれより二年遡る一九五九年に、「農薬の害」を公式に発表し、世界で初めて農薬の人体への計り知れない悪影響を世に問うたのが、奈良県五條市の一開業医である梁瀬義亮であった。

有吉佐和子の『複合汚染』は、高度成長の歪みが次々と露見する時代の中で衝撃をもって受け止められた。農薬汚染をいち早く告発したレイチェル・カーソンの『沈黙の春』とあわせ、今もなお人間社会の歪みを撃ち続けている
柳原一徳撮影

当時、神経障害とも肝炎ともつかぬ体調不良を訴えて来院する農民が増えていることを不審に思い、自ら農薬を撒布した野菜の搾り汁を毎日飲んで、体調に変化がないか人体実験をした。その結果、農薬の危険性を確信した梁瀬は、無農薬、無化学肥料の農業に転換しないと大変なことになると訴え始めた。

発表当初は、周囲から「虚言癖がある」、「売名家だ」といった誹謗中傷に晒され続けた。大勢の市場関係者に呼び出されて、暴力的な吊るし上げにもあった。だが、けっして自説を曲げずに、「生命の医」と「生命の農」がどれだけ大切であるかを、諄諄と説きつづけた。そうした謙虚で誠実な姿勢が、人々の共感を呼び、次第に賛同の輪が各地に広がっていくことになったのだった。

『複合汚染』

これは一九七四年一〇月から翌年の七五年六月まで、朝日新聞朝刊の小説欄に有吉佐和子が連載した作品の題名である。小説欄とはいっても、一般的な小説とは趣を異にする。登場するのは、ほとんどが実在の人物で、ほぼ事実に即した記述がなされていることから、小説というよりルポルタージュ作品に近いという読後感がある。

だが『複合汚染』の新潮文庫版解説において、文芸評論家の奥野健男が「有吉佐和子の小説を永年にわたって頑固に拒否し続けて来た、ある文芸雑誌の名物男的な元編集長が、「有吉佐和子がついに純文学を書いた。『複合汚染』こそ、おれの考えている純文学の極致だ」と感動的に語った」と記しているように、この作品を純文学と位置付けるむきもある。だがそんなジャンル分けにこだわることは、この際あまり意味がないのかもしれない。

『複合汚染』が朝日新聞に連載されはじめた一九七四年頃は、高度経済成長の歪みが次々と露見してきた時代であった。それは今年五八才になる私の小学生時代の記憶とちょうど重なっている。

れっきとした熟年世代の私（一九六二年生まれ）であるが、子どもはまだ幼く現在大阪市内の小学校に在籍している。そうしたことから、四十数年ぶりに母校の土を踏む機会が生じた。

中に入ると、あれほど広大だと思っていた校庭は意外なほどちっぽけに感じられる。身体の成長によるものか、はたまた加齢がそう感じさせるのか。古びて陰気臭かった校舎もすべて建て替えられ、明るく清潔に生まれ変わっている。外目には、私が在校当時の面影は、何一つ残っていないといってよい。

だが、校庭の片隅に立ち、目を閉じてみると、当時の記憶が鮮明に蘇ってくる。休み時間になると、先を争ってボールを手にし、仲間たちと真っ黒になって遊んだことや、フォークダンスの練習で気になる女の子とドキドキしながら手をつないだことなどは、幼い日の忘れられない思い出となっている。

ところがそんな幼少期の牧歌的な光景は、光化学スモッグ警報の発令により、たびたび中断を余儀なくされた。工場や車からの排ガスで汚染された空気が、紫外線で化学反応を起こして有害なスモッグとなり、日中外へ出ることもままならなくなったのである。その影響で、頭痛や体調不良を訴える仲間が続出していた。

エコノミックアニマルといわれた日本人は、異常ともいえる働きぶりで敗戦による焦土の中から日本経済を復興させ、短期間のうちに欧米の先進国に並び立つところまで押し上げた。なにより、朝鮮戦争とベトナム戦争の特需を抜きに、日本の経済成長を説明することはできない。戦争遂行に必要な物資などを大量に受注し、日本は莫大な利益を一身に享受することになった。いわば間接的に戦争に参加することで、戦後の工業再建は成し遂げられていったのであった（鶴見良行『東南アジアを知る』）。

だが、そんな驚異的な発展は、一方で社会に様々な歪みをもたらす。水俣病やイタイイタイ病などの深刻な公害病を発生させ、多くの人びとの生命を奪い、そして回復不可能な身体への被害を広範囲に拡散させる事態を招いた。先進国になり、経済的な豊かさを手に入れたはずなのに、もしかすると日本という国はとんでもない方向に向かいつつあるのではないか。まだ幼かった私でさえ、そう実感せざるを得ない惨状が、日常生活では日々展開されていたのだった。

環境汚染だけではない。私たちの食生活も、安心感からは程遠い状況にあった。毒性の強い農薬が使用され、その残留が及ぼす人体への将来にわたる影響は未解明である。それ以上に、現場で農薬を撒布する農民自身の被害は、決して見過ごすことが出来ない深刻な問題を孕んでいた。

食品添加物についても同様である。防腐剤や合成着色料は、本来私たちの暮らしとは無縁の化学物質である。そうした添加物が、数多く認可されるなか、果たして本当に人体への安全性は担保されうるのだろうか、という疑念を、多くの人びとに抱かせた。

また、食品添加物は単独で使用されるばかりではない。一つの加工食品の中に、数種類が含まれていることはザラである。食事の献立によれば、数品のおかずに複数の添加物が含まれることになる。何種類何十種類の薬剤を、一度に体内に取り込むことになるわけである。果たして、それらの相互作用が、人体にどのような影響を及ぼすのかは、昔も今も全くわかっていない。

「複合汚染」とは、毒性を持つ二つ以上の化学物質が、人体において相加作用および相乗作用をすることを指している。それら毒物に対する感受性は、個々人でまるで違い、慢性中毒に関する限り、許容量という考え方は意味をなさない。

有吉佐和子は、この「複合汚染」という概念をキーワードに、日本の生活環境がどれだけ深刻な状況に置かれているのかを、具体的な事実を列挙して白日の下に晒した。そのインパクトは強烈で、当時の日本社会を強く揺さぶったことは間違いなかった。しかし、その後四五年が経ち、私たちはあの時代から何を学び、またそれらを教訓として、どれだけ現在に生かしているといえるのだろうか。

昭和という経済優先の時代は、人間の生命を露骨なまでに軽視してきた。そうした中で、奈良県の片田舎から、梁瀬は医師として、そして自ら農薬や化学肥料を使わぬ有機農業を実践しながら、生命をないがしろにする社会の在り方に、敢然と異議申し立てを続けた。

有吉佐和子は、そんな梁瀬の姿に強い感銘を受け、小説『複合汚染』のなかで詳しく紹介し、最大級の賛辞を贈った。けっして観念的な主張ではなく、誰に対しても謙虚に接する梁瀬の姿は、人びとの尊敬を集め、日本のみならず海外からも多くの賛同者を得た。

日本の高度経済成長期について、「あの頃はよかった」と昔を懐かしむ人たちが、近年増えている。当時の記憶を喚起する、映画や音楽もヒットしている。右肩上がりの時代は、働いてさえいれば、バラ色の未来を期待することができた。閉塞感に覆われた、最近の日本社会とは、ずいぶん異なる空気感が漂っていた。過去を理想化する力学は、こうしたところに由来している。

だが、七〇年代の日本社会には、急激な経済発展による大きな矛盾が生じていたことは、紛れもない事実である。私たちの日常生活を脅かしていたのは、生命をどれだけ軽視しても恥じぬ、時代の精神によるものであった。そういう時代にあって、梁瀬は仏教徒として、人間至上主義に堕した人びとの心根に危機感を持った。

農薬や化学肥料に依存する近代農法は、「人間が農作物を作る」という、人間本位の発想が基礎になっている。しかし本来の自然環境においては、無数の生命が絶妙な調和を形成し、私たちを養い育ててくれている。

ところが、いつしか私たちは、自然に対する畏敬や感謝の念を忘れ、生命の声に耳を傾けることが出来なくなってしまっている。生態系を無視して、人間に都合よく改変し、支配することが当然であるかのような、驕慢に堕してしまったのである。

そうした風潮を憂い、いまこそ大自然の偉大な営みを直視し、他の生物との共存共栄を中心に据えた「生命の農法」に転換しなければ、われわれの文明は遠からず行き詰まってしまう。そう梁瀬は警句を発し続けた。

近年、日本における食の安全性は、高度成長期と比べて、表面的には向上したかに見える。しかし、一皮むけば心許ない状況にあるのは変わりがない。農薬や化学肥料への依存は、強まる一方である。食品添加物の使用についても、消費者からは見えにくく、巧妙になった。生活環境が危機に晒されている状況は、四十数年前と本質的に変わっていない。それらを踏まえて私は、いま一度小説『複合汚染』が広く支持された、一九七〇年代を再検証する必要性を強く感じるようになった。

過去を直視しなければ、未来を語ることができない。梁瀬義亮が警鐘を鳴らし、有吉佐和子が問題提起をした、昭和という「複合汚染」の時代とは、いったい何だったのか。梁瀬が生涯追い求めた「生命の農法」への軌跡を通して、その実像に迫っていくことにする。

生命の農——梁瀬義亮と複合汚染の時代◉目次

ジャケット・表紙写真　柳原一徳
ジャケット・扉画　藤井健次郎『普通教育植物学教科書』（開成館、一九〇三年）

第一章 ― 仏縁

一九二〇年三月五日、梁瀬義亮は父斎聖《さいしょう》と母はまえの三男として、奈良県五條市本町の浄土真宗本願寺派宝満寺で生を受けた。住職の父梁瀬斎聖は篤実な仏教学者で、信徒からの尊崇の念は非常に篤かった。定期的に自坊で開く仏教会には、巧みな法話を目当てに参拝する門信徒が各地から押し寄せ、その重みで「本堂の畳を落とす」とまでいわれるほど、人びとの声望は高かった。梁瀬は幼いころからこうした法話や勤行に自然と親しむという、仏縁深い環境に育ったのであった。

そんな父斎聖は、信念の人でもあった。明治期に入り、日本の仏教界は大きな岐路に立たされていた。廃仏毀釈に揺れ、同時に西欧からの輸入思想に晒されるなかで、本願寺ももちろんその例外ではありえなかった。

斎聖からすると、日本の仏教学者たちは煩瑣な学説の解釈に明け暮れるばかりで、近代思想や近代の科学、西洋哲学と妥協して、仏教を人間本位に改変しているというようにしか見えない。そんな危機感から斎聖は本山を容赦なく批判した。

「祖師親鸞に帰れ。正信念仏に集まれ」を旗印に、五條に正信念仏会をつくり、講演や執筆活動を行った。そのことが、西本願寺の逆鱗に触れ、本山から破門されるという憂き目にもあった。

しかし東本願寺から救いの手が差し伸べられ、その後は大谷派の僧侶として、本願寺派の寺である宝満寺の運営を続けた。こうしたことを、間近で目撃したことは、梁瀬のその後の針路に決して小さくない影響を与えていると推察される。

梁瀬は感受性の豊かな子どもであった。小学校五年生の頃、いわば自分の人生を決める大事件に遭遇する。幼い頃から自分をかわいがってくれていた坊守の伯母が、四一才という若さで、突然肺炎に

滔滔と流れる吉野川。大和五條の地が梁瀬を育んだ

より亡くなってしまったのである。

普段尊敬している大人たちが、人の死に対してなすすべもなくうろたえ、号泣している。伯母の死に顔を見ると、わずかに口から血が流れ出ていた。ピクリとも動かず横たわる伯母の姿を見て、死というものが、途方もなく恐ろしいことのように感じられた。自坊に戻り、急いで本堂に参り、「どうか死なんようにしてください」と、一心に手を合わせた。その出来事によって梁瀬は、「死」というものが、人にとって、決して避けて通ることのできぬ大問題であることを悟った。それ以来、「死」という生命にとっての絶対的な宿命を、どうやって受容していくかが、生涯を通しての課題となったのだった（梁瀬義亮『生命の医と生命の農を求めて』）。

成長するにつれ、梁瀬は抜きんでた学業

成績をおさめるようになる。学校始まって以来の秀才として、教師から「もう梁瀬は授業に出てこなくてよい」といわれたという伝説が残るほど、その名声は広く知れ渡っていた。

奈良県立旧制五條中学校に進んでからは、学問に対する興味が一層強くなる。科学や文学それに詩などの書物を読み耽るとともに、これまでよりも一層熱心に仏教の法話集を読み、父斎聖の講演も欠かさず聞いた。学問のみならず、山岡鉄舟に憧れて剣道にも励んだ。

そうした充実した旧制中学時代であったが、四年生頃になって深く思い悩むことが増えた。それは学校で学ぶ科学的世界観と、父斎聖から教えられてきた、仏教の世界観とが大きくかけ離れているということに気が付いたからであった。とくに生命にとって避けることのできない死の問題について、梁瀬は深く思い悩むことが多くなった。

ある日そのことについて、梁瀬は斎聖に恐る恐る尋ねてみた。すると父は「よくそのことに気が付いた。私にとってもこれは大問題であった。私は若い頃、この問題に悩んで、仏教大学（現在の龍谷大学）を一時やめて、東京の物理学校に入って勉強して卒業し、さらに医学校に入ったが連れ戻されたのだ。いま私はその問題を完全に解決し、深く仏法を信じている」といった。そして「貴方は自分でその問題を解決しないといけない。それが自分自身の務めだ」と、斎聖は梁瀬を諭した（梁瀬義亮『仏陀よ』）。

父の意外な一面に触れ驚きながら、そのアドバイスを素直に受け止めようとしたものの、実際のところどうすればよいかわからず、しばらくはずっと煩悶の日々を送った。

梁瀬は、その日以来ますます熱心に仏教を勉強し、一層学業にいそしんで、仏教と科学の間にある乖離を解決したいと望んだが、混迷は深まる一方であった。

旧制中学五年生になり、梁瀬は修学旅行で関東地方にいった。その時に立ち寄った富士山の神々しく雄大な大自然に圧倒され、宇宙にある真理の実在を実感しながら、感動によって涙が滂沱として滴り落ちた。この旅行中に梁瀬は高等学校の理科を受験する決意をした。しっかり科学の勉強をして、大学では数学科に入りたい。それらを修めてから、仏教学を専攻しようと固い決意をしたのだった。

しかし当時、旧制高校に進学することは、大変な難関であった。とりわけ、のんびりとした奈良県の片田舎にある旧制五條中学校から、高等学校（旧制）へ進むことは至難である。田舎の旧制中学では、受験教育は無きに等しく、もっぱら教科書中心の授業が進められていた。

旧制中学五年生になって、ようやく本格的な受験勉強を始めたが、出遅れ感は否めない。田舎の中学から高校に進学する困難を、梁瀬は身をもって感じることになった。

一九三六年、岡山県にある難関の第六高等学校を受験することにした。参考書などの荷物をもち、重苦しい気持ちで岡山に出発した。

宿に着いた後、受験の下見に第六高等学校まで散歩するが、途中に小さな古本屋があるのに気がついた。ふらりと入ってみると、本棚に並んでいた古びた『釈尊伝』という本が目に留まった。

読み始めたところ、逍遙たる世界に引き込まれていき、受験の悩みも忘れて、えも言えぬ清らかな気分を味わった。「こんな素晴らしい世界があったのだ。もう合格しなくてもいい。合格しなければ、宝満寺の役僧として、一生仏道修行に精進しよう」と、吹っ切れていた。その本を買い求め、宿に戻っても、参考書はそっちのけで『釈尊伝』を読み耽った。法悦に浸りながら、自分の周囲が見たこともない優しさの光に包まれているのを感じた（梁瀬、同上書）。

翌日からの試験には、不思議なほど平穏な気持ちで臨むことが出来た。数日にわたる試験の間、会場から戻ると、高校裏の小山に登り、銀色に輝く児島湾を見渡しながら、『釈尊伝』を読み耽り、言葉にできぬほどの幸福感に浸った。それから十日ほどして、幸いなことに無事合格通知を受け取った。

難関を突破し、意気揚々と旧制第六高等学校に入学したものの、青春を謳歌する周囲の空気に馴染むことが出来なかった。授業で唯一真理のように、教えられる自然科学も無味乾燥で、仏教徒としての信念が打ち壊されるような気分になった。何も手につかず、精神的にも非常に不安定になっていた。

そんな折、梁瀬は偶然ベートーベンの第五交響曲を聞いた。その感動は、まさに筆舌に尽くしがたいものだったとしかいいようがない。魂を揺さぶる旋律は、梁瀬に生きる勇気と真理の実在を教えてくれるものだった。ベートーベンの音楽は、精神の危機を救ってくれた光明であった。

爾来、ベートーベンの素晴らしい音楽が、梁瀬の心から片時も離れることはなかった。自らの仏道修行を導く光であるとともに、仏陀や法の実在を確信せしめる根拠となっていった（梁瀬、同上書）。

旧制第六高等学校の近くに、少林寺という名刹があり、ふとしたきっかけから、その離れを借りることになった。禅寺特有の静かな環境の中で、座禅とともに仏典の研究にも精を出した。科学や哲学の勉強にも励み、人間認識の限界などについて思索にふけった。また上座部仏教を研究する大切さにも気付き、阿含経の勉強も始めた。

やがて日本社会を覆う戦時色は、次第に濃厚になっていく。その頃、出征していた長兄が、中国で戦死したとの報に接する。長兄は、梁瀬が軍医になることを望んでいた。一九三九年、兄の思いに応えるように、梁瀬は京都大学の医学部へと進むことになった。京都に行ってからは、紫野にある大徳寺の塔中徳善寺で、立花大亀老師の世話になり、医学部の勉強以上に、仏教研究などの仏道に励むことが出来た。

一九四三年京大医学部を卒業と同時に、梁瀬は軍医としてフィリピン戦線へ出征することになった。立花老師に別れの挨拶に行き、これまでお世話になった感謝の気持ちを伝えた。

「これまで大変ありがとうございました。悟れぬままこのまま死ぬのは残念です。しかし、短い人生ながら、仏道修行に専心できたのは、何よりも幸せでした」

すると老師は、「悟れぬままにと言ったが、悟れぬ自分を知ったのも悟りへの尊い一歩じゃ」といった。大徳寺のご本尊に礼拝して、梁瀬は京都から広島県の宇品にある広島港へ向かった。そこは、日清戦争以降、陸軍の輸送基地が置かれる場所であった(梁瀬、同上書)。

梁瀬を乗せた輸送船吉備津丸は、激しい魚雷攻撃を受けながらも沈まず、五島列島沖を南下し、琉球諸島、台湾そしてバシー海峡を通過し、フィリピンに向け航行を続けた。一度は、船底を魚雷で破られたが、二重底になっていたおかげで沈没は免れた。なんとか無事にマニラに上陸し、その後約一年間は、平穏な警備任務の日々を送った。

一九四一年一二月八日、真珠湾奇襲攻撃と同時に、日本軍はマレー半島とフィリピンに進攻して、両地域を占領した。さらにマレー半島を南下し、四二年二月にはシンガポールを陥落させた。

四二年一月、日本軍はマニラを占領した。米・フィリピン軍は、マニラの防衛を断念し、バターン半島に撤退し、強固な陣地に立てこもり抵抗したが、四月には陥落した。この際、アメリカ極東軍司令官ダグラス・マッカーサーは、"I shall return"のセリフを残して、魚雷艇でコレヒドール島を脱出した。

日本軍が、七万六〇〇〇人にものぼる米・比軍の捕虜を炎天下一〇〇キロメートル以上歩かせ、大量の死者を出した悪名高い「死の行進」の起点は、バターン半島最南端マリへベスである。四二年五月、コレヒドール島の陥落で、フィリピン全土が日本軍の支配下に置かれた。

四二年六月、破竹の勢いだった日本軍だが、米軍の奇襲攻撃を受けた、ミッドウェー海戦の大敗で、戦局は一変する。南方からは、マッカーサーが率いるアメリカ陸軍が北上する。東からは太平洋を渡って、フィリピン諸島を目指す米海軍と海兵隊の大機動部隊が迫ってくる。

一九四四年六月、強大な戦力を率いる米軍が、サイパン島への上陸を開始した。戦力の差は圧倒的であり、日本の空母や飛行機部隊は壊滅した。七月七日、日本のサイパン島守備隊三万人が全滅したことにより、アジア・太平洋戦争の帰趨はほぼ決したともいえる。

四四年一〇月二〇日、米軍四個師団がフィリピンのレイテ島への上陸を開始する。二四日、日本の連合艦隊は総力を挙げてレイテ湾への突入をはかるが、アメリカ艦隊に阻止された。このレイテ沖海戦において、連合艦隊は壊滅する。レイテ島の地上戦においても、日本軍は米軍に圧倒される。これにより、日本軍のフィリピン防衛戦は敗北が決定的となった(吉田裕『アジア・太平洋戦争』)。

一九四五年一月九日、アメリカ軍はリンガエン湾上陸作戦を開始し、熾烈な戦闘が始まった。二月三日には、マニラに突入する。そして三月三日、マニラはアメリカ軍により完全に占領された。

四五年二月一一日、梁瀬の属する機械化部隊はアグノ川流域の前線に出た。そこは、間もなくして阿鼻叫喚の生き地獄と化した。梁瀬は後年、講演などで戦場の様子を何度も語っている。

戦争に行くとき、父が記念の袈裟を私にくれました。お経も頂きまして、塹壕の中ではいつもお経を読み、お念仏をしておりました。

私の所属したのは、フィリピン派遣の機械化部隊でした。医者ですけれども病院附ではありません。昭和二十年二月十一日、紀元節の日に第一線へ出ました。それから七月十九日全滅するまで、ほんとにもう大変な戦斗で文字通りの生き地獄でした。

血と泥と大小便、それから飢えと渇き、血を吸うハエや肉をかむアリ、煙硝のにおい、戦死者の腐った臭い、私のからだにこびりついた負傷兵の血の腐った臭い、シラミ……。毎日々々繰り返される激しい砲爆撃、そのたびに兵隊さんが首を吹っとばされたり肩を吹っとばされたりして死んで行く、本当に生き地獄でございました。

（一九七六年に開かれた愛農仏道研究会での講演録「万教大和」より）

バタバタと人が死んでいく「生き地獄」にもかかわらず、梁瀬は奇跡的に弾にも当たらずにきたのだが、一九四五年七月一九日についに右足を撃たれてしまった。そのとき部隊は全滅した。

平地で倒れた負傷兵は、みんなとどめを刺されて殺されてしまった。しかし、梁瀬は竹藪の中にいたことで、米兵は詳しく確認せず機銃掃射をしただけで行ってしまった。このおかげで、急所を撃ち抜かれずに済み、九死に一生を得ることができた。

自分を含めて一九人の負傷兵で、アメリカ軍が占領した本道を避け、裏道を通り友軍のいる方向に向かおうとするが、バギオのマウントピースというところは深い山岳地帯である。ちょうど雨期とあり、方向が分からず、山深くに迷い込んでしまい、寒さと飢えで一六人が次々と死んでしまった。フィリピンといえども、山のなかは非常に寒く、降り続く雨のためびしょ濡れの状態である。生きる希望は限りなく乏しくなっていった。

当時、ルソン島には、山下奉文大将が指揮する第十四方面軍二八万人が集結していた。彼らは、米軍の大兵力をひきつけて、日本本土への進攻を遅らせる持久戦を展開しようとしていた。いわば本土決戦までの時間稼ぎである。山下は「永久抗戦し悠久の皇運を扶翼し奉り、従容として、皇国の人柱たれ」と訓示した。だが持久戦とは名ばかりで、将兵のみならず在留邦人を巻き込みながら、敗戦まで山中での逃避行を続けることになった（読売新聞大阪社会部編『フィリピン―悲島』）。

そんななか敗色濃厚と、見切りをつけた上層部の軍人たちは、我先にと敵前逃亡を始めていた。そこには、フィリピン方面における陸軍航空部隊の最高司令官である、富永恭次陸軍中将も含まれている。

悲惨な状況下を、必死で彷徨していたのは、梁瀬たちだけではなかった。フィリピンの戦地に打ち捨てられた兵士たちの末路は、あまりに無惨であった。壊滅状態にあった日本軍の敗残兵は、山中を徘徊し、飢餓に直面して食物を奪い合った。豚皮の軍靴を、飯盒で煮て食べる者もいた。

動物性たんぱく質を摂ろうと、カエルやトカゲ、蛇、バッタ、トンボ、ネズミなど何でも食べた。蝙蝠は臭くて不味かったが、猿は鶏肉のようにあっさりして非常に美味だった。だが飢餓状態の兵士たちにとっては、猿の肉よりも内臓の方がはるかにおいしく感じられたという。もっとも美味なのは、脳みそで、次に肝臓や心臓、腎臓、睾丸である。骨もスープにした。歯以外、捨てるところがなかった（水島朝穂『戦争とたたかう』）。

極限状態の戦場では、人肉食が横行した。味方の日本兵を襲って食べる、「人間の料理人」ともいえるグループが、血走った目で獲物を探し回っていたというから、軍隊としての統率は完全に破綻して、末期症状を呈していたというしかない。

「人間の料理人」たちは死体よりも、殺したての人肉の方が旨いので、ジャングル内を徘徊して仲間を襲う。彼らは、脳みそや肝臓が好物であった。人肉を食べている者は、肌艶もよく、目もギラギラしていた（守屋正『フィリピン戦線の人間群像』）。まさに地獄絵図であった。

こうした原因は、ひとえに日本軍の補給路が各地で寸断されるなど、兵站があまりにも貧弱かつお粗末であったことに尽きる。人を人とも思わず、単なる消耗品としてしかみなしていない。死ねば、新たに補充すればよいという、絶望的な人間観しか軍の上層部は持ち合わせていなかった。

食糧などは、「現地調達」を原則にする。現地の住民から、「徴発」という名目で、暴力的に略奪することが日常になった。当然ながら軍紀が乱れ、住民に対する暴力や凌辱行為が頻発した。

一方、米軍は極めて充実した糧食（ration　レーション）を、一人一人の兵士に供給していた。激しい砲撃下でも、肉や豆、野菜など、複数のメニューから、組み合わせて選ぶことさえできた。ここに果物やデザートの缶詰までつく。米軍では、軍隊の士気を高めるのに最も重要な要素が、兵士の満足できる食事を提供することだと、十分に理解されていた。

米軍は、安全に長期間保存できる食品の加工法を、技術の粋を集めて研究開発する努力も惜しまなかった。そのようなレーションの研究は、もちろん現在も続いている。その一例をあげると、私たちがよく知る食品保存技術のフリーズドライ法も、糧食の加工法が民生用に転用されたものである(アナスタシア・マークス・デ・サルセド『戦争がつくった現代の食卓』)。

これらをみても、彼我の差は歴然としていた。人命に対する根本的な思想が、日米間では大きく異なる。生還することを重視する米軍と、戦場で死ぬことが前提の日本軍では、兵士の扱いに差が出ることは当然である。戦う前に、戦争の帰趨は決まっていたともいえよう。

また日本軍の飢餓は、下級兵士に集中していたことについても、付言しておかなければならない。日本軍の歩兵が飢餓状態で死線を彷徨っている中で、少なからぬ上官たちは贅沢な酒食に舌鼓を打っていた。移動の際にも、満足に食事もとれない兵隊に、重い高級ウイスキーまで運ばせていた。当番兵に食糧を運ばせて、自分だけ食べ、この兵士を餓死させた主計少佐もいる。将校と一般兵士の餓死率には、圧倒的な差があった(水島、同上書)。

梁瀬は飢餓状態の果てに、ついには歩くことさえできなくなった。すると目の前にある大きな木に、椎茸がびっしり生えていた。木に生えた茸をかじって、また生命をつないだ。夜は皆で抱き合って暖をとるが、冷たくなったと思ったら、その兵隊はすでに死んでいた。例えようのない寒さが、骨の髄まで染み込んでいく。いよいよ凍死してしまうのか。

すると梁瀬の耳に、何かが聞こえてきた。

光《こう》顔《げん》巍《ぎ》巍《ぎ》　威《い》神《じん》無《む》極《ごく》　如《にょ》是《ぜ》焔《えん》明《みょう》　無《む》与《よ》等《とう》者《しゃ》
日《にち》月《がつ》摩《ま》尼《に》　珠《しゅ》光《こう》焔《えん》耀《にょう》　皆《かい》悉《しっ》隠《おん》蔽《ぺい》　猶《ゆう》若《にゃく》聚《じゅ》墨《もく》
如《にょ》来《らい》容《よう》顔《げん》　超《ちょう》世《せ》無《む》倫《りん》　正《しょう》覚《がく》大《だい》音《おん》　響《こう》流《る》十《じっ》方《ぽう》
戒《かい》聞《もん》精《しょう》進《じん》　三《さん》昧《まい》智《ち》慧《え》　威《い》徳《とく》無《む》侶《りょ》　殊《しゅ》勝《しょう》希《け》有《う》
深《じん》諦《たい》善《ぜん》念《ねん》　諸《しょ》仏《ぶっ》法《ほっ》海《かい》　窮《ぐ》深《じん》尽《じん》奥《のう》　究《く》其《ご》涯《がい》底《たい》
無《む》明《みょう》欲《よく》怒《ぬ》　世《せ》尊《そん》永《よう》無《む》　人《にん》雄《のう》師《し》子《し》　神《じん》徳《とく》無《む》量《りょう》
功《く》勲《くん》広《こう》大《だい》　智《ち》慧《え》深《じん》妙《みょう》　光《こう》明《みょう》威《い》相《そう》　震《しん》動《どう》大《だい》千《せん》
願《がん》我《が》作《さ》仏《ぶつ》　斉《さい》聖《しょう》法《ほう》王《おう》　過《か》度《ど》生《しょう》死《じ》　靡《み》不《ふ》解《げ》脱《だつ》
布《ふ》施《せ》調《じょう》意《い》　戒《かい》忍《にん》精《しょう》進《じん》　如《にょ》是《ぜ》三《さん》昧《まい》　智《ち》慧《え》為《い》上《じょう》
吾《ご》誓《せい》得《とく》仏《ぶつ》　普《ふ》行《ぎょう》此《し》願《がん》　一《いっ》切《さい》恐《く》懼《く》　為《い》作《さ》大《だい》安《あん》
仮《け》使《し》有《う》仏《ぶつ》　百《ひゃく》千《せん》億《のく》万《まん》　無《む》量《りょう》大《だい》聖《しょう》　数《しゅ》如《にょ》恒《ごう》沙《じゃ》
供《く》養《よう》一《いっ》切《さい》　斯《し》等《とう》諸《しょ》仏《ぶつ》　不《ふ》如《にょ》求《ぐ》道《どう》　堅《けん》正《しょう》不《ふ》却《ぎゃく》
譬《ひ》如《にょ》恒《ごう》沙《じゃ》　諸《しょ》仏《ぶっ》世《せ》界《かい》　復《ぶ》不《ふ》可《か》計《げ》　無《む》数《しゅ》刹《せっ》土《ど》
光《こう》明《みょう》悉《しっ》照《しょう》　偏《へん》此《し》諸《しょ》国《こく》　如《にょ》是《ぜ》精《しょう》進《じん》　威《い》神《じん》難《なん》量《りょう》
令《りょう》我《が》作《さ》仏《ぶつ》　国《こく》土《ど》第《だい》一《いち》　其《ご》衆《しゅ》奇《き》妙《みょう》　道《どう》場《じょう》超《ちょう》絶《ぜつ》
国《こく》如《にょ》泥《ない》洹《おん》　而《に》無《む》等《とう》双《そう》　我《が》当《とう》哀《あい》愍《みん》　度《ど》脱《だっ》一《いっ》切《さい》
十《じっ》方《ぽう》来《らい》生《しょう》　心《しん》悦《ねつ》清《しょう》浄《じょう》　已《い》到《とう》我《が》国《こく》　快《け》楽《らく》安《あん》穏《のん》
幸《こう》仏《ぶっ》信《しん》明《みょう》　是《ぜ》我《が》真《しん》証《しょう》　発《ほっ》願《がん》於《の》彼《ひ》　力《りき》精《しょう》所《しょ》欲《よく》

十方世尊《じっぽうせそん》　智慧無礙《ちえむげ》　常令此尊《じょうりょうしそん》　知我心行《ちがしんぎょう》
仮令身止《けりょうしんし》　諸苦毒中《しょくどくちゅう》　我行精進《がーぎょーうしょーうじーん》　忍終不悔《にーんじゅーうふーけー》

南無阿弥陀仏

南無阿弥陀仏　南無阿弥陀仏
南無阿弥陀仏　南無阿弥陀仏
南無阿弥陀仏

「讃仏偈《さんぶつげ》」であった。

幼いころから慣れ親しんだ、あの美しい「讃仏偈」の声明が、それから毎夜聞こえてくるようになった。声明を聞いていると、凍え死にそうな生き地獄にありながらも、心穏やかにすっと眠ることができた。

だがついに、梁瀬と兵隊二人は、餓死寸前の状態で歩いているところを、山に住む先住民のイゴロット人に捕らえられてしまう。侵略し、略奪や殺戮など、悪辣の限りを働いてきた日本軍への反発は並大抵ではなく、直ちに二人の兵隊は首を斬って殺されてしまった。

いよいよ梁瀬が殺される番になった。殺す役のイゴロット人が、たまたまバギオのハイスクールを出たカトリック信者で、お互い英語で会話ができた。彼はもちろん日本人を憎んでおり、梁瀬を殺すつもりでいた。彼は英語で、日本人のことを口を極めて罵った。

「われわれは平和に暮らしていたのに、おまえたち日本人がやってきて村を焼き、女や子供を殺した。日本人は何という残酷な人間なんだ」

梁瀬は「君は自分たちは、平和なカトリック教徒だといった。だが君たちによって、日本兵が殺されている。我々は仏教徒でほんとうは平和な民だから、本当はそんな残酷なことはしないはずなんだ。君は平和なイゴロットと言い、私は残酷なイゴロットと思っている。この誤解が、戦争という悲劇のもとになっている」と、必死に訴えた。

するとそのイゴロット人は、「仏教ってなんだ」と問うので、「仏教とは仏陀という聖者の教えで、あらゆる生きとし生けるもの、たとえ虫でも同朋だ、兄弟だという教えだ。そして人間の生きる原理は自分以外の生命の幸せのため祈り行動することだという教えだ」と、説明した（梁瀬義亮『仏陀よ』）。

この時、餓死寸前の梁瀬は、まさに「生死岸頭」に立たされていた。必死の抗弁は、命乞いのようでもあった。自分は残虐行為に手を染めていないという確信があるから、正当性を力説するわけだが、この期に及んで何を言ってもむなしさばかりが募る。

日本占領下のフィリピンでは、日本軍による数々の蛮行が繰り広げられ、フィリピン人の犠牲者は百万人を超えるともいわれる。専制的な抑圧体制を敷き、住民への暴力、女性に対する凌辱、物資の略奪、ゲリラ狩りなど、数々の残虐行為が、フィリピン人の強い怒りをかっていた。何といってもイゴロット人は、日本軍による一方的な被害者である。多大な被害が出ている状況下で、日本の軍人を黙って赦すという選択肢はそもそも無い。

だが梁瀬の言葉をじっと聞いた後、彼は「あなたは平和な人だ。教養がある」といって縄をほどいて水を飲ませ、塩を舐めさせてくれた。塩を与えるという行為は、相手への敬意を表している。そして火を焚き、濡れて冷え切った梁瀬の身体を温めて、スープを飲ませてくれた。

しばらくして、そのイゴロット人は「私は貴方を尊敬する。しかし、日本人はすべて死刑だ。あなたを殺さなければならない。許してくれ」といった。しかし梁瀬は「いや、そうじゃない。私は決して恨まない。仏陀のもとに帰ることを、我々は死ぬというのだ。あなたに殺されるのではなくて、仏陀のもとへ往き生まれるのだから、私はあなたを恨むことはない」といった。それから、疲れ切っていた梁瀬は、いつの間にか寝入ってしまっていた。

起こされてみると、さきの先住民がアメリカ製の銃を持ち、その息子らしきもう一人が、蔓を編んで作った幅広い紐を持って立っている。

「いよいよ殺されるのだ」

梁瀬は観念して、念仏を唱えながら、生まれ故郷の大和五條にいる父母への恩を思った。

「父や母のお陰で仏法に会わせていただけました。いままで求めてきた仏道は、今日という日のためにあったようです」

真夜中に、若者が背中に乗れと促す。

「村はずれで殺すのだろう」

そう思いながらも、衰弱しきっていた梁瀬には、抵抗する気力など残されていない。背中に乗ってしばらくすると、睡魔で意識が遠のいていった。ふと気がつくと、もう日が昇りすっかり明るくなっていたが、若者はまだ歩き続けていた。何度か休憩し、食事にバナナを勧めてくれるが、食べる力も無くなっていた。

一向に殺される気配がないのは、いったいどういうわけか。やがて梁瀬をおぶった若者は、いつしかイゴロット人の暮らす領域から、遠く離れた米兵がいる場所まで連れ出してくれていた。

次に揺り起こされると、梁瀬は米兵が大勢いるので驚き、大変なことになったと思った。「生きて虜囚の辱めを受けず」という、戦陣訓の精神を叩き込まれていたからである。

「仕方がない。食を絶って死ぬしかない」

そう観念したところへ、ハワイ出身のタナカと名乗る日系二世の米兵が近づいてきた。たどたどしい日本語で、「しっかりしなさい。日本兵はジュネーブ条約通り、送り還される。あなたはもうすぐ、日本へ帰ることができるのです」と言った。万感が去来し、梁瀬の目からは涙がこぼれ落ちた。

そこに、ここまで連れてきてくれたイゴロット人の若者が、突然「グッバイ、ドクター」と言いに来てくれた。

「ありがとう。あなたの親切は終生忘れません」と、梁瀬は答えた。本当は決して助かるはずのない命なのに、奇跡的なことが起こったのだった（梁瀬、同上書）。

右足を負傷し極度に衰弱していた梁瀬は、近くにある米軍の病院に入院し、非常に丁寧な治療を受けた。皆がとても親切にしてくれることに、何という勿体ないことなのかと、心の中でいつも合掌した。

すこし体力が戻ってからは、北フェルナンドにあるアメリカ人用病院に移され、さらなる治療が継続された。少し歩けるようになってから、モンテンルパのニュービリビッド刑務所に開設された、日本人ばかりを収容する第一七四兵站病院（The 174th Station Hospital of U.S.Army）に移ることになった。

この刑務所は、当時東洋一の威容を誇る、まるで西洋中世のお城のような巨大な建物だった。囚人用の病院が内部にあり、手術室や薬局などが完備していたので、米軍がここを日本兵専用の捕虜病院にした。そのなかに、日本兵の捕虜が数千人入院していた（守屋正『比島捕虜病院の記録』）。

山から収容された日本兵は、重度の栄養失調で痩せこけ、骨と皮だけになっている。衣服も身に着けず、毛布の切れ端を腰に巻き、棒にすがって歩く姿は、まるで幽鬼の群れであった。

第一七四兵站病院の初代院長は、テオドル・L・ブリスであった。ブリスは、出征前にオハイオ州アクロン市立病院内科部長を務めた高名な医師で、人道主義に徹する、まるで神様のような高潔な人物だった。ミシガン大学医学部卒業後、有名なメイヨークリニックで数年間研究し、内科の専門医となった。彼は、アクロン市において、医師の指導的立場にあった。

赤痢やマラリア、餓死寸前で運び込まれる敵軍の日本兵を助けるために、日々熱意をもって医療に取り組む姿を見て、梁瀬は魂を揺さぶられるような感動を覚えた。

軍医としてフィリピン戦に従軍し、同兵站病院で日本人捕虜の診療に従事した守屋正は、ブリスのことを次のように振り返っている。

ブリス院長はこのおびただしい重症の栄養失調患者を救命するには、米軍秘蔵の乾燥人血漿の点滴注射以外にはないと判断した。この薬は米国民の愛国者が献血した血液で製造したことが、一つ一つの箱に明記してある。この薬の捕虜への使用には米軍内に猛然と反対の声がおきたが、ブリス中佐は敢然とこれを使用し、無数の死一歩手前の日本兵を救命した。

（守屋正『フィリピン戦線の人間群像』）

ブリス院長は、乾燥人血漿以外にも、当時米国民でさえ自由に使用ができなかった高価なペニシリンを、日本人捕虜に対して無制限に使用した。サルファ剤も自由に使った。ブリス院長は、敵味方を全く分け隔てせず、日本人に対して誠実すぎるほどの治療をした。彼には「人命救助に国境はない」という信念があった。食事も著しく改善され、一一月頃から死亡率は激減した。

日本人がもしも戦勝国の立場であったなら、果たして米軍の捕虜に対して、同様の扱いをすることができたであろうか、

それから二〇年後の一九六六年四月、同病院に勤務した衛生要員の有志で、ブリス夫妻を日本に招待し、大きな歓迎会を開いている。この時、日本政府はブリスの人道的行為に感謝し、勲三等旭日中綬章を贈った。

ブリス医師の行いは、言うまでもなく称賛に価する。ただ日本政府がその行為に対して勲章を授与したことに、名状しがたい居住まいの悪さを感じるのは、私だけだろうか。

多くの日本兵を餓死に追いやったのは、いったい誰だったのか。旧日本軍の責任を、こうした美談のなかで不問に付してしまっては、それこそ戦地で散った兵士たちは浮かばれない。

一一月末にさらに南方約二〇キロメートルのカンルバンに広大な新病院が建設され、死亡率は殆ど

ゼロになった。翌年一二月に第一七四兵站病院は閉鎖された。

フィリピンの捕虜病院で出される、美味しいカリフォルニア米やパン、肉、乳製品など栄養豊富な病院食のおかげで、栄養失調でやせ衰えていた梁瀬ら日本人の健康状態は急速に回復していった。

一方で梁瀬は、医師としての目で、周囲の日本人たちの様子を冷静にみていた。栄養状態は非常によくなったものの、不健康ともいえる太り方をする者が、増えたことを不審に思った。ひどい水虫や重度の蓄膿症を患う者も少なくない。そうした日本人を見ながら、病気に対する抵抗力が低下しているのではないかと感じていた。そして、次のような言葉が念頭に浮かんだ。

「生活と生命力」

生命力は、生活のなかに現象として現れている。だから患者一人一人の生活を調べてみると、生命力が弱る原因も分かるに違いない。梁瀬は不健康になっていく仲間を見ながら、そんな思いを強くした。ふと思い浮かんだこの言葉が、後の歩みを方向づけていくことになるとは、当時の梁瀬にとって想像すらできぬ事であった（梁瀬義亮『生命の医と生命の農を求めて』）。

当初、第一七四兵站病院では、栄養失調の日本兵が次々運び込まれてきたが、せっかくたどり着いたにもかかわらず、少なからぬ者が亡くなっていった。そのような状況に、米軍の軍医だけでは手が回らなくなり、梁瀬も医師として、足を引きずりながら手伝いを始めた。

そこで、一八歳年上の医師糟谷伊佐久と出会ったことは、非常に大きな出来事であったと言える。約一年のあいだ、梁瀬は糟谷のもとで働いたが、その物静かで高貴な姿に、医師としての理想像を見るようで、感銘を受けた。

糟谷は、敬虔なクリスチャンであった。一九二八年、慶応義塾大学医学部を卒業後、聖路加国際病院内科に入局していた。戦後は、立教大学や立教女学院の教授を歴任している。

梁瀬は、糟谷から面と向かって何かを教えられたわけではない。しかし、そのうしろ姿から、謙虚に徹することの尊さを、啓示として受け止めたのだった。

梁瀬は、ブリス院長や糟谷医師が、患者のために誠心誠意尽くす姿に心を打たれ、日々その立ち居振る舞いから、医師としての心構えを学んでいった。二人は、梁瀬の医師人生における、重要な道標ともいえる存在になった。

そして一九四六年九月、ついに梁瀬義亮は生きて再び、故郷である、大和五條の土を踏むことになった。

第二章 医師としての再出発

一九四六年九月、戦場の生き地獄から奇跡的に生還した梁瀬義亮は、故郷である大和五條の豊かな自然を仰ぎ見ながら、感慨にふけった。本来なら二度と見ることのできなかったはずの、懐かしい風景である。だが、心安らぐ生家にいながらも、ふと目を閉じると戦場の地獄絵が生々しくよみがえってくる。仏恩のおかげによるものなのか、運命の糸により命脈をつなぐことができたことを、梁瀬は心より感謝した。そして無念にも、戦場の露と散った仲間を思って、合掌と念仏に明け暮れる日々を送った。

復員から半年後の一九四七年三月、梁瀬は兵庫県立尼崎病院で住み込みの内科医として、勤務することになった。戦地で死線をさまよった末に、ようやく帰郷したこともあり、もう少し骨休めをしたいという欲求はあった。だが奈良県五條市にある実家の宝満寺も、当時経済的に困窮していたことから、一日も早く働き口を見つけなければならなかった。

県立尼崎病院では、感謝の気持ちを持って、日夜懸命に働いた。四七年五月には、看護師の小松みつと結婚し、公私ともに充実の時を迎える。みつは、フィリピン戦線に従軍した日本赤十字社の看護師で、梁瀬とともに戦禍をくぐり抜けた、いわば「戦友」ともいえる間柄であった。仲間に促されたことがきっかけで、交際を続けていたのだった。

この頃、梁瀬は小林桂子という一七才の患者を担当していた。すらりとした長身の美少女で、見るからにひ弱そうな雰囲気を漂わせていた。一人娘の彼女は、両親から宝物のように大切に育てられてきたようであるが、そのせいか腺病質で頻繁に扁桃腺炎による高熱を出した。物資の乏しい戦後間のなくの頃であるから、薬も常に欠乏状態にある。そんななか、彼女は毎回米国製のペニシリン持参で病院にやってきた。ペニシリンの効果は絶大であった。劇的に熱は下がり、症状は瞬く間に治まってしまう。梁瀬は、その様子を見ながら、驚くべき薬効に舌を巻いた。

だが何度かそういうことが続くうちに、次第に薬が効かなくなってきた。病状が悪化し入院することになったが、いくらペニシリンを注射しても、熱が下がらない。八方手を尽くして入手したストレプトマイシンも併用するが、高熱により危篤状態に陥ってしまう。内科の医師が、全員全力で治療に当たったものの、結局敗血症のために亡くなってしまった。

梁瀬は医師としての敗北感をかみしめながら、涙があふれて止まらなくなった。一人娘をなくした両親の悲嘆は、見るに忍びない。

「先生、有難うございました」

嗚咽をこらえて、自分への感謝の念を伝える父親の言葉が、身に突き刺さる。なすすべもなく、最悪の結末に至り、梁瀬は医師としての無力さに打ちひしがれた。どれだけ時間が経ったかわからない。啓示を受けたのは、その時である。

「生命力」

人間の周囲には、様々な細菌がいる。それだけではない。寒暖や気圧の変化などに常にさらされながらも、生物は平安を保っている。生命体に備わった「自然治癒力」が働いて、病気を未然に防いでくれているのだ。ところが、一たびその均衡が崩れると、たちまち体内で病が暴れまわることになる。

怪我をした場合でも、同様である。周囲に無数のばい菌がいるにもかかわらず、化膿もせずに治まることが通常なのは、生体内に免疫機構が備わっているからである。「生命力」の低下現象ともいえる

「病」を、単純に化学物質で抑え込んでしまうというのは、一体どういうことなのか。梁瀬は考え込んでしまった（梁瀬義亮『生命の医と生命の農を求めて』）。

そういえば自分の経験にも、思い当たる節はあった。旧制中学四年の頃だから、一六歳のときである。原因不明の寝汗と不眠症に悩まされ、全身がだるくて学校に行くのが辛くなった。大病院で診てもらったが、原因がつかめず、医師もお手上げ状態である。もらった処方薬も全く効かず、半年たっても体調不良が改善されなかった。

ある時、人に勧められて、漢方医のもとを訪ねることになった。漢方医は、梁瀬の身体を丁寧に診察した末に、こう診断を下した。

「砂糖のせいだよ。白砂糖の食べ過ぎで、あなたの命が弱っているのだよ」

図星だった。当時、梁瀬は自坊宝満寺に供えられた菓子のお下がりを、人並み外れてよく食べていた。白砂糖は文明の尺度だと、むしろ積極的に摂るくらいの気持ちでいたから、そうした診断にショックを受けた。その後、漢方医の忠告に従い食生活を改めると、それまで長く続いた不調が嘘のようになくなってしまった。

「そうだ。患者一人一人の食生活を調べてみよう」

生命力を、人間の生活におけるひとつの現象だと捉えるなら、きっと食生活との関連があるに違いない。人びとの食生活から、生命力の弱る原因が浮かび上がるかもしれない。梁瀬は、そんな確信を持ち、さしあたり一万人を目標に調査してみることにした。

まず次のような質問項目を立ててみた。

①主食については、白米、半搗、玄米、麦飯
②動物性食品は、肉類およびその加工品、魚、卵、牛乳、乳製品
③野菜、海藻、大豆、イモ類
④白砂糖、黒砂糖。
⑤油類
⑥果実
⑦酒、タバコ

患者のみならず、周囲の人たちにも声をかけ、これらの摂取状況を詳しく聞き取るように努めた。また食事以外にも、運動の有無や家屋の日当たりや窓の位置、湿気に至るまで、注意をしながら話を聞いた。

この調査をはじめた一九四八年ごろの日本社会は、戦後復興の途上にあり、食糧をはじめあらゆる物資が不足していた。そんな中で、少なからぬ農家が闇景気に沸き、収入増に比例するように、肉類の消費が増える傾向も見られた。一方、そうした景気と無縁の農家は、従来通りの質素な食生活を続けていたので、両者は格好の比較対象になった。ほかにも、性別や職業を問わず、多種多様な人たちから話を聞いた。

調査を始めて四年後に、サンプル数が目標の一万人に達した。もちろん、調査対象者に偏りが見られ

ることは否めない。統計の精度としては、あくまで参考にとどまるレベルだと了解したうえではあったが、その結果からはいくつかの興味深い傾向を読み取ることができた。

例えば、野菜や大豆、海藻類、小魚、乳製品を適度に摂取する人たちは、おおむね健康的な生活を送っていた。反対に、米食や白砂糖、肉類の過剰な摂取は、健康を損ねることが少なくない。また喫煙は、体に極めて悪い影響を及ぼす。

適度な運動は、健康の保持に非常に重要である。日常的に歩くなどして汗をかくことは、人間の健康に密接にかかわっているといえた。

それから心と身体は、緊密な繋がりがある。人生観や世界観が、自律神経系や内分泌系の機能に密接に関わっているようだった。真面目な信仰心を持つことが、精神衛生を良好にし、結果的に健康状態の良否を左右しているようである。以上から推測できるのは、ある程度食生活に気をつけて暮らしていれば、定められた寿命を健康に生きることが出来る蓋然性が高まる、ということであった。

実は、一九四二年夏に参加した、京都大学医学部無医村診療班の調査でも、梁瀬はこれと同様の傾向を目の当たりにしていた。瀬戸内海の芸予諸島にある生口島と佐木島での調査だったが、前者のほうが本州側への交通も便利で、比較的裕福であるようだった。そのせいか島とはいえ、食生活に目立った特色はなく、健康状態についても特筆すべきものは見られなかった。

ところが、隣の佐木島へ行くと、暮らしぶりはずいぶん異なっていた。本州との交通は甚だ不便である。所得水準も生口島より低いせいなのか、米はあまり食べず、甘藷と麦を中心にしながら、島でとれる野菜や魚、海藻を組み合わせた食事を日常食としていた。だがイモを主とする粗食のおかげなのか、島民の健康状態はすこぶる良好であった（梁瀬、同上書）。

梁瀬は医学生時代に抱いた疑問が、ずっと頭に残っていた。ある教授から心臓に関する講義を受けていた時のことだ。

「君はなかなか真剣に授業を聞いていたが、なにやら腑に落ちない顔をしているね。何かわからぬことがあるのかね？」

講義のあいだ中、梁瀬はずっと考えていたことがあった。

「先生、人間は心臓が動いているから生きているのか、それとも人間が生きているから心臓が動いているのか、という疑問です。これが決定しなければ、医学の治療方針は決まらぬはずです。心臓が動いているから人間が生きているのなら、心臓の手当だけをすれば事足りる。しかし人間が生きているから心臓が動いているのなら、心臓の手当とともに、生命の手当をしなければならないことになると思います」

教授は一瞬考えた後、にやりと笑い「君は医学部を辞めて、哲学科へ行ったらどうかね」と言った。教室は爆笑に包まれた（梁瀬、同上書）。

しかし梁瀬には、教授が答えに窮するのを喜ぶような、ふざけた気持ちは毛頭ない。生命に真摯に向き合おうとするからこそ浮かんだ、真剣な問いかけであった。だが心身を分離して考える、人体をさながら機械のように捉えて解釈する、西洋医学の立場からは、こうした疑問が出てくる余地はない。しかし寺に生まれた梁瀬にとって、人間が生きるとはどういうことかという疑問は、甚だ切実なものである。そのことをいつも突き詰めて、これまで生きてきたといってもよい。梁瀬は、こうした西洋医学では答えることのできない、人間の存在そのものを理解しようとする姿勢を、その後もけっして手放すことはなかった。

梁瀬は、小林桂子が無念の死を遂げた後も、県立尼崎病院で懸命に働いていたのだが、次第に体調を崩すようになっていた。当時、工業地帯である尼崎市は、公害問題が深刻化していた。

元々尼崎は、白砂清松の海岸広がる、風光明媚な土地だったが、明治期から紡績業や電力業、鉄鋼業の工場が立地し、阪神工業地帯の中核をなす、工業都市へと変貌を遂げていた。水陸ともに交通の利便性が高く、臨海部では埋立や造成が行われ、工業都市としての基盤整備が進んでいた。

尼崎が、本格的に工業都市としての歩みを進めていくのは、昭和に入って以降のことである。臨海部において、コンビナート群が形成されていくのだが、そこから排出される降下煤塵や亜硫酸ガスは激烈を極め、「公害都市の横綱」と形容されるほど生活環境は悪化していた。

林立する工場群の煙突からは、石炭を粉砕して燃やした大量の煤煙が吐き出されて、市街地をどす黒く覆いつくしていた。道路には煤塵が降り積もって層をなし、車の通った轍が出来る。家の窓を開けていると、屋内が煤塵ですぐに汚れ、何度も拭き掃除をしなければならない。

亜硫酸ガスの影響で、公園の鉄製滑り台や家庭のガスメーターなどは、設置後数年で、腐食しボロボロになる。小学校の草花は枯れ、公園の樹木も育たないなどの、惨憺たる状況を呈していた。

それだけではない。河川は工業排水による汚染で、水質は極度に悪化している。近づくと、息を止めなければならぬほどの強烈な悪臭が周辺に漂っていた。さらに資材を運ぶ巨大なトラックが、排ガスを猛烈に噴出しながら、途切れることなく二四時間走りまわっている。騒音や振動も凄まじい。と

昭和30年代後半の尼崎、臨海重工業地帯の製鉄所と発電所
尼崎市立地域研究史料館提供

ても人間が生活できる環境とは、言い難い有様だった。

地域住民にとっては、空気の汚れや悪臭が、とにかく不快であるし、その影響から気管支炎など呼吸器系の不調で病院通いをする人がたくさんいた。風邪をひくとなかなか治らず、病院通いが長期化して、家庭の医療費負担が重荷となっていた。このように、地域住民に対する健康への配慮は、企業のみならず行政からも、全くと言ってよいほどなかった。

戦後の復興期には、産業を優先することが国是でもあった。煤煙で煙る空は、経済成長の証であり、日本が工業国家としてたくましく立ち直る姿だと、むしろ歓迎するような空気さえ感じられた。

一九五四年に制定された「尼崎市工場誘致条例」の提案理由では、「本市の工業の発展は阪神地帯工業の発展は勿論のこと日本工業の発展に重要な役割を果すことになる」と高らかに宣言している。時代は、経済優先である。そんな風潮の中で、企業や国、地方自治体が公害対策を真剣に検討するはずもなかった。

梁瀬も大気汚染の影響で、ついに激しい喘息に悩まされるようになってしまう。そこに肋膜炎を併発し、胸水が溜まり始めていた。結婚して間もなくであり、長女の智恵子が生まれてまだ四ヶ月目のときであった。

その頃は、結核が猖獗を極めていた時代であるが、そこに肋膜炎、腹膜炎、最後に脳膜炎を起こして死んでしまうというのが、だいたいのパターンであった。抗結核薬も手に入らず、ただじっと寝ているだけである。いよいよ梁瀬は、覚悟を決めた。

そこへ五條から、父斎聖がラジオをもって訪ねてきた。戦前からあった当時貴重なラジオを、修理して持ってきてくれたのである。

「お父さん、僕は戦争で命を落としかけたが、助かって帰ってきた。だけど、今度ばかりは残念ながら、もうダメです」

「死ぬのは覚悟しているが、妻と生まれたばかりの子を残して逝くのは辛く、死にきれない気持ちです」と、心境を吐露した。

すると斎聖は「それは仏教徒として恥ずべき言葉だぞ。考えてみろ、お前が生きているから、みつや智恵子が生きていけると思っているのは、お前の驕りだ。お前の目の前で、あの子らが七転八倒して死んでも、どうにもできないことがあるのだ。わしもお前に死なれたら闇だ。しかし私は仏陀のお光を信じている。業報、因縁に従いつつも仏光の中にあるのだ。お前そんなことを考えては、仏教徒として恥だぞ。静かに仏陀のお光の中で生きさせてもらうのだ。お前がいまできることは、仏陀を念じて念仏することしかないんじゃないか」と言った。梁瀬は、父の言葉に感激し、自分にはやはり念仏しか道はないと思いなおした（梁瀬義亮『仏陀よ』）。

父の持ってきてくれたラジオをつけると、ちょうどベートーベンシリーズが始まったところだった。梁瀬は学生時代から、ベートーベンの熱烈なファンであった。思えば一九三六年に、難関を突破して、岡山の旧制第六高等学校に入学したものの、間もなく深い憂愁に閉ざされてしまったことがあった。授業で唯一真理だと教えられる自然科学と、仏教徒としての信念との狭間で思い悩んでいた。そんな時にも、ベートーベンの音楽は、自らの精神の危機を救ってくれた光明であった。

近代科学は、人間の智慧と能力に絶大なる信頼を置き、それによって認識された世界と法則性を唯一の真理とみなしている。いわば現代社会は、人間至上主義が無意識のうちに世の中を覆いつくしている状況にあるといってよい。

だが本当にそうなのだろうか。あらゆる生命体（主観）とその周りに広がる世界（客観）とは、けっして無関係ではありえない。自他を切り離すことのできない世界のなかで、人間のみならずあらゆる生命は生きている。

人間を至上とし、唯物論を掲げて仏陀の御教えを軽んじるような、そんな近代科学を背景にした世界認識は、生まれた時から仏教的世界観に親しんできた梁瀬の心を、深く傷つけていった。人生に絶望して、どんどん痩せていき、ついには骨と皮ばかりになってしまった。友人からは、奇異な目で見られてしまい、「消耗」というあだ名さえつけられてしまった。華厳の滝で身を投げ、命を絶った旧制一高生藤村操を慕い、自らも自殺を考えるようになっていた（梁瀬、同上書）。

だが秋も深まったある日のこと、ふと聴いたベートーベンの第五交響曲に圧倒され、感動のあまり滂沱の泪を流した。その音楽の中に、梁瀬は真理の実在を確信した。以来、ベートーベンの音楽を、菩薩の説教を聞くような気持で聴き、いつも勇気と生きる希望を与えられてきた。だが、兵役により永らく聞くことすら叶わなかったのだった。

そんなベートーベンの特集シリーズが、ちょうど病室にラジオをつけた、その夕刻から始まったのであるから、梁瀬の感動と興奮は並大抵のものではなかった。それから、毎日午後五時から六時まで放送される番組を聴きながら、まるで天にも昇るような高揚感を覚えた。以来、三か月間に渡り、番組ではベートーベンの全作品を毎夕流し続けた。梁瀬は、ラジオから流れてくるベートーベンの荘厳な音色を、毎日仏陀を念じながら、感動の泪を流して聴いた。

すると不思議なことに、あれほど絶望的だった梁瀬の病状に、変化の兆しが現れるようになった。苦しかった肋膜の水が引きていき、ベートーベンシリーズが終了するころには、ほぼ軽快していたのである。まるで、奇跡のような出来事が起こったのであった。

それを機に、梁瀬は兵庫県立尼崎病院を退職して、郷里の大和五條に帰り、それから生家の宝満寺で約一年間静養することになった。

第三章　農業と化学物質

一九四九年、梁瀬義亮は生家である奈良県五條市の宝満寺内に、内科と小児科の診療所を開設した。だが翌年からしばらく、日本紡績工業大和高田工場の医務室に勤務する。

一九五二年になって、再び宝満寺に戻り、梁瀬医院を再開した（一九五五年に、五條市岡口に移転）。その頃、自宅裏の畑で、妻のみつが自家菜園を作っていた。茨城県の農家に生まれたみつは、野菜作りが上手であった。その出来栄えを時々家族に自慢していたが、当時の梁瀬は農業にほとんど関心がなく、みつの熱心な説明にも上の空である。みつは、知り合いから教えられた硫安（硫酸アンモニウム）を熱心に使ったせいか、野菜の発育は非常に良かった。

だが梁瀬は、ある農家の患者からもらう野菜と、味に違いがあることを不思議に思った。もらった野菜のほうが、ずいぶん美味しかったからである。その人に尋ねてみると、「うちの野菜は堆肥をたくさん入れてあるから美味しい」と答えた。硫安でつくると、見た目は大きく立派に見えるが、味は劣るという。梁瀬は、作り方によって、農作物の味が変わることに驚き、それを機に農業の研究をしようと思うようになった。

農家に往診にいくと、農法を教えてもらい、田畑を丁寧に観察するので、戻ってくるのが遅いと家人からは文句を言われる。農家の人たちは、医師である梁瀬から教えを請われると、非常に親切に秘訣まで教えてくれる。そうするうちに、梁瀬の農業に関する知識は飛躍的に向上していった（梁瀬義亮『生命の医と生命の農を求めて』）。

農業の専門書を複数買い込み、研究にも精を出した。どの本にも、窒素、燐、カリの三要素を強調し、化学肥料の効力を絶賛している。化学肥料は、ドイツの科学者リービッヒが植物の灰を分析して、窒素、リン酸、カリウムが多量に含まれているのを確認したことに由来している。そして植物はこの三要素により成立していると、結論づけたのである。これによりリービッヒは、三つの元素を投与しさえすれば、植物は生育すると考えた。

『小説「複合汚染」への反証』（以下『反証』）という、『複合汚染』に対する批判の書がある。有吉佐和子の『複合汚染』が朝日新聞に連載されていたのは、一九七四年一〇月から翌七五年六月までである。途中の七五年四月に、まず上巻が新潮社から単行本として出版された。連載中から、社会現象ともいえる大きな反響を呼んでいたこともあり、急ぎ単行本化されたのであろう。連載が終了した直後の七月には、早くも下巻が刊行された。

それを追いかけるように、『反証』の方も七名の専門家による分担執筆で、一九七五年一〇月に急遽刊行された。『複合汚染』により、糾弾の矢面に立たされかねない役人や、農薬業界等の意を酌んで、編まれたことが伺える内容で、有吉への揚げ足取りのような批判が散見される。

そんななかで山根一郎（東京農工大学）が書いた「化学肥料罪悪論は素人だまし」という文章は、タイトルのイメージとは異なり、存外真面目な論文である。化学肥料の歴史について、丁寧な説明を加えているので、少しこれを参考にしながら話を進めることにする。

植物が根から吸収する養分は、すべて無機イオンの形で吸収される。肥料の三要素である窒素、リン酸、カリウムはもちろん、カルシウムやマグネシウム、堆厩肥や油粕、鶏糞といった有機質肥料も、すべて土の中で微生物に分解され、無機イオンになったものだけが、はじめて根から吸収される。植物は、非常に簡単な化学構造を持った無機化合物を栄養にしている。

人間を含む動物は、炭水化物やたんぱく質、脂肪、ビタミン、ミネラルを、口から摂取しなければ、生きていくことはできない。しかし、植物は炭水化物やたんぱく質等の栄養素を、体の中で合成することが出来る。根から吸収しなければならないのは、ミネラルとチッソだけである。こうした光合成（炭酸同化作用ともいわれる）が、まだ認識されていなかった頃は、有機物がすべて植物の根から吸収されると考えられていた。これを「有機栄養説」という。

ギリシャの哲学者エンペドクレスは、あらゆる物質は、火、空気、水、土という四つの元素からできており、それらの結合や量のちがいによって、あらゆるものが出来ていると考えた。

哲人アリストテレスもこれを支持して、これら四つの元素が様々なものと結合して、有機物の小さな粒子となり、植物の根から吸収され、各部分に沈積すると考えた。アリストテレスが理論づけた、有機物（腐植）が植物の食べ物だとするこの考えは、以後二千年にわたって支配的な学説となった。

有機栄養説を、明確に農業に適用したのは、近代農学の父ともいわれるドイツのテーヤだった。彼は「天然のなまの物質は、死後みな腐植となって溶けて植物に吸収される。この腐植というのは生命の産物であり、死や分解という出来事は新しい生命の保存と再生のために必要なのだ」と、主張した。そして土の中に腐植を多くするほど作物はよくできるのだから、堆肥や厩肥をできるだけたくさん施せるような、農業経営がよいと言った。この理論は、西欧の農業界を席巻し、確固たる地位を築いた。

ドイツのギーセン大学で有機化学の教授だったリービッヒは、テーヤの死後、「農業および生理学に応用せる有機化学」（一八四〇年）を著して、世間に衝撃を与えた。一八〇〇年頃には、植物の有機体が炭酸同化により作られることを、多くの研究者が証明していたにもかかわらず、テーヤら農学者は、それを認めようとはしなかった。リービッヒは著書の中で、この誤りを強く指摘し、「植物は根から無機物を吸収しさえすればよい」と主張した。これを「無機栄養説」という。

西欧では古くから、骨粉、石灰石、石膏、泥灰岩、硝石（硝酸カルシウム）などを施すと、作物の出来が良くなることに、人びとは気付いていた。とりわけ牛小屋の床土からとれる硝石は、効きがよかった。

一九世紀になり、南米でグアノ糞鉱やチリ硝石がみつかり、大量に輸入することができるようになると、一気に無機質肥料の使用が広がっていった。この「無機栄養説」は一世を風靡し、世界の農業を一変させることに繋がった。確かに食糧増産という命題を解決するためには、極めて有効な処方箋ではあった。

同時に、硝石は肥料としてだけでなく、火薬の原料にもなることから、軍事的な強い引き合いがあった。もしも有事になれば、肥料工場は、即座に火薬工場へと転換できるように設計されている。肥料生産の技術が、戦争と密接に関わっていたことを、私たちは忘れてはならない。

二〇世紀に入ると、ヨーロッパでは各国の緊張関係が続くようになる。しかしながら、ドイツは戦争の意志を持ちながらも、火薬の原料である硝石を遠く南米チリに依存する関係上、開戦に踏み切ることができない。こうした状況を打開するために、硝酸を化学合成しようと、優秀な化学者を総動員して、研究に没頭させることになった。

そしてついにフリッツ・ハーバーが空中窒素を固定して、アンモニアを合成する技術を確立した。つぎに同じくドイツのカール・ボッシュによって、高圧下でアンモニアを大量に合成する方法へと発展していく。

アンモニアからは、硝酸を作ることは容易である（オストワルト法）。これにより硝石の輸入を気にせず、火薬の生産ができるようになったのである。この時点でドイツは、第一次大戦に参戦するための、物質的基礎を獲得したということが言える。

もともと空気中の窒素を、植物が吸収できる窒素態であるアンモニアに変えるには、自然界にいる微生物の力に頼るしかなかった。マメ科植物の根にできた瘤にいる根粒菌が、代表的な微生物である。根粒菌は、空気中の窒素を固定しアンモニアにして、植物が吸収しやすい状態に変えてくれる。雷の放電も、空気中の窒素をアンモニアに変え、雨とともに土壌に降り注ぎ、大地を豊かにする。しかし自然の営みでは、そうした変換にはおのずと限界がある。大量に肥料を作り出し、農業生産を人間の意のままに拡大することは不可能である。

しかしハーバー・ボッシュ法の完成により、肥料生産が飛躍的に伸び、農業は生産量を大幅に高めることに繋がった。この功績により、ハーバーは、一九一八年にノーベル化学賞を、ボッシュも一九三一年に同賞を授与されることになった。

ハーバー・ボッシュ法以外にも、いくつかのアンモニア合成技術が考案されるが、そのうちの一つであるイタリアのガザレー法を、日本窒素（後のチッソ）の創業者野口遵《したがう》が買い取り、宮崎県の延岡工場（現旭化成）に導入し、後にこれを数倍の大きさに改良した機械設備を、水俣工場に自前で作り生産を開始している。こうしたことが、チッソの技術的な礎となった。

空中窒素を固定してアンモニアを作り、これに硫酸を吸収させると化学肥料の硫安が生まれる。同時に、アンモニアから硝酸を作ることが、火薬づくりへと繋がっていく。化学肥料産業が、火薬産業へと派生していくのである。第一次大戦中に、火薬の原料である硝酸工場を稼働させたのは、先のカール・ボッシュであった。

日本窒素や同じく化学肥料で成長を遂げた昭和電工も、火薬を大量に生産した。日本窒素は、朝鮮半島にも進出した。現在は朝鮮民主主義人民共和国（北朝鮮）の咸興市に朝鮮窒素肥料を創業し、大量の化学肥料と火薬を生産して、日本のアジア侵略を側面から支える資材供給を担った。

化学肥料の生産が、火薬の製造技術に転用され、戦争により両者は飛躍的に肥大化していく。戦争のために開発された毒ガスが、のちに農薬へとつながっていくのと、明らかに軌を一にしている。これらは常に戦争と、同伴するような形で巨大化していったのである。こうして化学肥料は、世界中の国々に爆発的に広がっていった。

化学肥料による農業生産の飛躍的な拡大が、人類の食糧問題に対して大きな功績があったことは認めざるをえない。しかし、植物というものを、窒素、リン酸、カリウムの三要素だけに、単純化して捉える分析的な手法は、明らかに西欧近代の精神を特徴づけるものである。世の中のあらゆる現象は、すべて要素に分解され、そして還元できるという認識、世界観に由来するものである。こうして農業には、窒素、リン酸、カリウムの化学肥料による栄養摂取で、必要にして十分だとの割り切った見方が、多数を占めるようになった。

だが本当にそうなのだろうか。切り捨てられる微量な成分の中に、生命の本質を形づくる何ものかが含まれてはいないのだろうか。有機物（腐植）とは、まさにそうしたものではないのか。有吉佐和子は『複合汚染』のなかで、次のように述べている。

私はここに、化学と生物学の根本的な相違点を見出すことができる。つまり化学では人智でもって分った部分だけを追求するのだが、生物学は未知なる部分を抱きかかえて懊悩《おうのう》するのである。化学者は分明したデータを積み重ねて時代の先端を突っ走ることができるが、生物学者ならばリンとカリウムと窒素という三つの元素を同じように組みあわせても決して元の植物には戻らない理由について考えこむのである。

化学肥料全盛の時代にあって、梁瀬は自然と人間を分離して、二元論的に世の中を解釈する手法が、根本的に何かを誤らせる原因ではないのかと、疑問を感じるようになりはじめた。生命に対する謙虚さや畏敬の念が欠如した自然観は、結局人類を追い詰めていくのではないか。寺に生まれ、仏教的世界観に幼少から馴染んできた梁瀬にとり、そうした疑念を簡単にやり過ごすことはできない。日一日と膨らむ様々な疑問を抱えて、梁瀬は深く苦悩するようになっていった。

化学肥料が火薬になったことをはじめ、第一次世界大戦では民生技術と軍事技術の境界が薄れていった。民生品が兵器に「スピンオフ」(転用)され、巨大な破壊力で無差別に人を殺すことも可能になった。

農業技術史の研究者である藤原辰史(京都大学人文科学研究所)は、二〇世紀に入り、「土を砕く、土を肥やす、雑草を取り、害虫を作物から除く、種を改良する」など、自然に対する人間の働きかけが、農業機械や化学肥料が発明されたことで大きく変わっていったと指摘する。第一次世界大戦は、人類史上の大きなターニングポイントであった。民生技術が、軍事技術に転用されることで、戦争の質まで激変することになった（藤原辰史『戦争と農業』）。

毒ガスもまた、第一次世界大戦の産物である。この戦争では、兵士が塹壕に潜って戦っていたので、相手を直接狙うよりも、空気中に毒を撒いて戦意を削いでしまう方が効率的だ、という発想が出てきた。

各国に先駆け、毒ガスの開発に成功したのはドイツであった。毒ガス研究チームのリーダーは、化学肥料の大量生産に道を開いたあのフリッツ・ハーバーである。ハーバーが、ドイツ中の優秀な科学者を集めて、毒ガスづくりを先導した。

一八九九年のハーグ陸戦条約で、毒ガスの実戦使用は禁止されているにもかかわらず、ベルギーのイーブル近郊で、ドイツ軍が連合軍に対して、塩素ガスを使用した。明らかに、国際法違反であった。

一九一五年四月二十二日、ドイツ軍とフランス・イギリス連合軍はベルギー国内で対峙していた。夕刻になってドイツ軍の塹壕から黄色い煙がもくもくと立ちのぼり、そよ風にのって連合軍の陣地へ流れて行った。

英仏連合軍は、何が起ろうとしているのか全く分らなかった。しかし黄色い煙が彼らの塹壕に流れこむと、たちまちむせ返って悶え苦しむもの、卒倒して意識不明になるものが続出した。指揮する者は誰もなく、大混乱の中で彼らは敗退した。このとき一日だけで英仏軍の死者は五千名、中毒患者一万五千名、捕虜二千五百名。
黄色いガスは塩素だった。今日、有機塩素化合物（ＤＤＴ、ＢＨＣ、ドリン剤、ＰＣＢなど）と呼ばれるものが犯した犯罪の第一ページを飾るのが、この毒ガスだった。（有吉佐和子『複合汚染』）

トラクターや化学肥料は農業のために作られ、後から戦車や火薬に転用されたが、毒ガスの場合は先に人を殺す目的があって開発されたものである。明らかに、前の二者とは順序が逆である。農薬は、戦争が終わり毒ガスを「平和利用」する目的で、スピンオフされたものであった。

第一次世界大戦後、大量に余った毒ガスが、「平和利用」の名のもとに、農薬として害虫駆除に使われることになる。ドイツでは毒ガスを開発した科学者らが、消毒会社を作り、小学校や電車内を消毒する事業を始めた。人間に害がないよう、青酸カリを薄めて、穀物倉庫に撒布し害虫駆除にも使った。これが、次第に農薬として広がっていく。

その後、第二次世界大戦で、毒ガスは各地のさまざまな戦場で使用されることになる。もっとも有名なのは、ナチスドイツがユダヤ人殺戮のために強制収容所で使った「チクロンＢ」である。殺虫剤としてヒットした薬剤が、毒ガスとして使われた。

日本も例外ではない。日本の植民地下であった台湾において、先住民が蜂起した「霧社事件」の際、鎮圧のために毒ガスを使用している。また日中戦争で旧日本軍は、毒ガス兵器を中国で使用した。敗戦に際し、証拠隠滅のために、毒ガスなどの化学兵器を地下に遺棄して放置したため、のちに地域住民に多大なる被害が発生している。

内閣府のホームページにある「これまでの遺棄化学兵器発掘・作業等」によると、毒ガス兵器の遺棄が中国全土に広がっている様子がわかる。一九九七年の化学兵器禁止条約発効を受けて、日中両政府が署名した「中国における日本の遺棄化学兵器の廃棄に関する覚書」に基づき、二〇〇〇年から日本政府は発掘回収作業を行っている。しかし、作業は遅々として進んでいない。

中国に遺棄された毒ガスなどの化学兵器は、五〇万発にのぼるとみられるが、発掘回収されたのはまだほんの一部にすぎない。処理完了までには、相当な時間を要すると思われる。敗戦から七〇年以上が経過したにもかかわらず、日本の戦後処理は未だ道半ばである。

アジア・太平洋戦争が無惨な敗戦に終わり、日本全土には空襲による焼け野原が広がっていた。そんな日本に、有機合成殺虫剤を導入したのは、GHQだった。大量の引き揚げ者による発疹チフスの流行を恐れたGHQが、すべての日本人にDDTを撒布する計画を立てた。

第二次世界大戦中、太平洋の戦場やフィリピン戦線などにおいて、マラリアが猛威を振るった。この対策にアメリカ軍も頭を悩ませ、当初は除虫菊由来の殺虫剤を霧状に撒布する「エアゾール爆弾」を配備した。しかし除虫菊は、日本からの輸入に頼っていたことから、代替の殺虫剤を開発することが急務となった。

そこに登場したのが、スイス・チバガイギー社が開発した殺虫剤DDTである。チバガイギー社の化学者P・H・ミューラーは、有機塩素化合物ジクロロジフェニルトリクロロエタン（DDT）が、強い殺虫力を持つことを発見した。

DDTの使用が飛躍的に拡大したのは、米軍がマラリアと発疹チフス対策用に採用したことによる。

戦争末期の一九四五年六月には、大量のＤＤＴが太平洋の戦場に送られ、米軍が占領した島々に上空から撒布された。

戦争が終結した四五年八月、ＤＤＴの民間での使用が許可され、アメリカの農場に撒布されるようになった。その後、ＤＤＴは世界中の農場で使用されるようになる。ちなみにＤＤＴの発見者ミューラーは、一九四八年にノーベル医学生理学賞を受賞している。

一九四七年、ＧＨＱ天然資源局は、日本全国の農事試験場にＤＤＴを配布し、圃場試験をおこなうことを命じた。稲のニカメイチュウに有効であることがわかり、農薬として使用されるようになった。当初は、原体を輸入していたが、その後日本曹達や呉羽化学等により国産化され、使用範囲の拡大に伴い、生産量は増大していった（『農薬毒性の事典　第3版』）。

同じく第二次大戦中にアメリカで開発されたのが、除草剤2，4－Ｄである。もともと植物の成長を促すホルモンの研究から生まれた。2，4－Ｄと関連物質の2，4，5－Ｔに劇的な除草効果があることが分かり、一時日本の水田に撒布して、根絶やしにして、食糧資源を壊滅させてしまう構想さえ持ち上がった。結局、実行されることはなかったが、戦後2，4－Ｄは世界中の農場で除草剤として使われるようになった。

しかしアメリカ軍は、ベトナム戦争でゲリラが潜む森林を破壊する「枯葉作戦」で、2，4－ＰＡと2，4，5－Ｔの混合剤「エージェント・オレンジ」を大量に撒布している。これにより、ベトナムの生態系に甚大な被害を与えたことは、日本でも広く知られている。その後、ベトナムでは七〇年前後から、肝臓ガンや流産、先天異常が多発している。2，4，5－Ｔには、不純物としてダイオキシンが含まれ、製造現場では、労働者の皮膚や肝臓に障害が出て問題になっていた。日本でも、国有林の除草剤などとして、一時大量に撒布されている。

一九五〇年代に入ると、ドイツのバイエル社から、極めて毒性の強い有機リン殺虫剤が輸入され、ニカメイチュウ対策に使用されるようになる。パラチオン（商品名ホリドール）であった。こうして化学殺虫剤は、日本の害虫防除に定着していくことになった（瀬戸口明久『害虫の誕生』）。

一九五二年、稲につくニカメイチュウやカメムシ、ウンカなどの防除に、パラチオンが登録され、七一年の失効まで使用されることになる。梁瀬の暮らす大和五條でも、パラチオン（ホリドール）が広がっていく。

梁瀬は驚いた。戦時中、機械化部隊の隊付き軍医だったこともあり、毒ガスの教育を受けていた。だから、毒ガスがどれだけ人間の常識を超えた恐ろしいものであるかを、熟知していたのである。

パラチオンという物質は、ナチスドイツが開発したリン性の毒ガス・サリンを少し改良したもので、猛毒であった。『農薬毒性の事典　第3版』（三省堂）には、次のような説明がある。

　パラチオンは四四年、ドイツのバイエル社のシュラーダーによって開発され、ドイツの敗戦と共に、アメリカのアメリカン・サイアナミッド社に技術が引き継がれた。日本では五一年、バイエル社からホリドール乳剤がサンプル輸入されたのが導入の始まりである。農林省（引用者註―現農水省）は、稲のニカメイチュウ対策に有効だとして翌年四〇〇〇万円の予算を組んだホリドールによる集団防除試験にとりかかった。

パラチオン、メチルパラチオンは、強い経皮毒性をもつにもかかわらず、使用者の安全問題は二の次にされ、害虫防除対策が優先された結果、静岡県で少女が、兵庫県で農業改良普及員がホリドールで中毒死したのを皮切りに、各地で事故が発生した。（中略）

パラチオンの本格的使用が始まった五三年は、七〇人の死者と一五六四人の中毒者、翌年には七〇人の死者と一八八七人の中毒者を出したが、以後中毒者は半減している。農業用使用による死者はパラチオンが特定毒物に指定された翌五六年に最大の八六人を記録し、その後減少傾向を示した。しかし、自他殺は、年間二三七〜九〇〇人の年が一三年も続いた。結局パラチオンとメチルパラチオンは、急性中毒症状の激しい致死性毒物として認識されながらも、二〇年間も登録を維持した。

ドイツにおける神経ガスの開発は、一九三六年に遡る。当時I・G・ファルベンの研究者だったシュラーダーが殺虫剤の研究をしていた時に、リンを使った試作品を一滴シラミ二〇万匹に垂らしたところ、たちどころに全部死んでしまった。

これが軍部に報告され、翌三七年にドイツ軍に毒ガスを開発するための研究所が設立され、シュラーダーはそこに移る。三八年には、さらに毒性の強い物質を発見する。これがサリンである。戦後、こうした毒ガスの研究が「平和利用」される形で、農薬は生み出されてきたのであった（常石敬一『毒物の魔力』）。

今では、猛毒の農薬として知られるパラチオン（ホリドール）だが、登録された当初は、みな無防備な姿で扱っていた。農民たちは、長袖のカッターシャツに手袋、ガーゼマスクだけで、この一〇〇〇倍溶液を作ったりしていたのだから、たまったものではない。農村では、体調不良を訴え、病院に担ぎ込まれる農民が続出していた。

梁瀬は、ホリドールの使用禁止を訴える運動を開始した。当時の農業改良普及所長とは、ホリドールの使用を巡って大論争をした。所長は「貴方よりも農林省の学者を信じる」といって、皆の前でホリドールを素手でかき回して、一〇〇〇倍溶液をつくるパフォーマンスまで演じて見せた。ところがこの人は、二年後に若くして癌で亡くなってしまった。

そんな梁瀬だが、当時ホリドールの危険性を認識しながらも、他の農薬についてはそれほど恐ろしいとは思わず、自家菜園で自ら使用していたほどであった。ところが一九五七年頃から、奇妙な患者が診察室に現れるようになってきたのを、不審に思うようになった。肝炎を疑わせる症状なのだが、よく診るとウイルス性肝炎にしてはおかしい。口内炎が激しく、脳障害や神経障害を訴える患者が非常に多い。五條周辺では、流行性肝炎と呼ばれていた。

「どうもおかしい」

梁瀬は、患者をつぶさに診察しながら、この症状は肝炎ではなく、何か毒物に違いないと考えた。そう直感したのは、数年前の経験があったからだ。一九五五年七月半ばから、発熱と肝腫脹という症状の見られる乳児の患者が、外来に多く訪れるようになった。はじめは子どものウイルス性疾患の流行と思っていた。いろいろな治療をしてみたが、一向に回復せず、同様の患者がさらに増える一方となった。肝臓が腫れ、三八度くらいの発熱とともに、皮膚に奇妙な着色と部分的脱色が現れている。

機嫌も非常に悪く、食欲不振も甚だしい。

「一体どういうことなのか」

梁瀬の目には、未知の病であるかのように映った。ところが、不調を訴える乳児には、ある共通点が見られた。みな母乳ではなく、粉ミルクを飲んでいることである。それも、森永乳業の製品である。まだ幼かった梁瀬の長男義範もその一人であった。もしやと思い、患者の粉ミルクを他社製に変えさせると、体調はすぐに良くなった。

そのうち複数の乳児が再び体調を崩し、来院したので聞いてみると、みな残っていた森永の粉ミルクを飲んでいる。この製品に、重大な問題が潜んでいる可能性が高いのではないか。

そこで梁瀬は、保健所に届け出るが、まともに取り合ってもらえない。やむなく森永の本社に、現物と手紙を送ることにした。森永からは、すぐに速達で返事が来た。「これは当社のモノに間違いない。しかし全国どこからも苦情はない。おそらく貴方の誤診だろうから、よくよく注意してものを言って欲しい」とあった。

「そんなはずがない」と、もう一度梁瀬は手紙を送るも、今度は梨の礫であった。だが、すぐ後の八月末になって、全国紙が森永ヒ素ミルク中毒事件を報じたことから、世間は大騒ぎになった。

そんなヒ素ミルク中毒の患者と、当時来院する患者の症状に類似性があることに、梁瀬は気がついた。

「毒物が原因ではないのか」

患者に食事の内容を聞くと、お好み焼きをよく食べる人に、この症状を呈する人が少なくない。小麦粉に何か混入しているのかと、試験所で調べてもらうが、検査結果は陰性である。梁瀬はかつて行った食生活調査をもとに、野菜中心の食事による健康法を提唱していたが、その賛同者にも体調を崩すものが多くみられた。

「もしや農薬ではないか」

そう思うといてもたってもいられなくなった。単車を駆って、友人の農家を訪ねてみた。説明を聞いた友人は顔をこわばらせ、「じつはずっと心配していた」と、重い口を開いた。野菜作りの秘訣として、全国的に農家で行われていることがあるという。それは栽培時だけでなく、出荷する蔬菜にもホリドールの一〇〇〇倍溶液を噴霧しているというではないか。こうすると有機リン剤特有のホルモン作用で、野菜が数日たっても取れたてのように、生き生きして高値で取引されるらしい。

だが腑に落ちないのは、ホリドールは撒布後二週間ほどで分解されるといわれていた。また、すべての有機リン系農薬は、微量を摂取し続けても、蓄積作用はないというのが、当時の定説であった。

確かに、ホリドール撒布後、二週間を経た農作物の残留検査成績はすべて陰性であった。また、微量のホリドールを連続摂取しても、有機リン剤中毒の決め手となる、コリンエステラーゼという酵素も血中において減少していなかった。だが、いくら文献通りではあっても、実際に全身の倦怠感などの不調を訴える患者が、目の前には複数いる。動物実験ではわからぬ現象が、人体で起こっているのではないだろうか。

そう思った梁瀬は、思い切って自分自身の身体を使って、残留農薬の人体実験を決行することにした。畑のキャベツに一から一四までのナンバーを振り、一番から毎日ひとつずつ、ホリドールの一〇〇〇倍溶液を撒布した。一四番に撒布を終えた翌日から順番に、一番からキャベツの葉をとってすりつぶし、その搾り汁を飲みはじめた。葉をとったキャベツには、新たにホリドールを撒布していく。

四、五日の間は何ともなかった。ところが一五日を過ぎると、下痢が始まった。夜中に目が覚め、体がだるく、日中の診療にも支障を感じるようになってきた。普段とは違い、子どもに対しても妙に怒りっぽくなり、些細なことで怒鳴りつけてしまう。放心状態のように、まるで霧の中をさまよい歩くような気分に陥っていた。このような症状に危険を感じ、梁瀬は一か月で実験を打ち切ったのだが、以前の体調を取り戻すまでには、三か月ほどの時間が必要だった。

自分自身の感覚から類推するに、ホリドールは少なくとも撒布後二週間では分解されない。一般的な学説では、微量の有機リン系農薬を連続して摂取しても、慢性中毒はないとされている。だが長年の診療経験から、短期間ではけっして無毒にならないのではないかという疑念を強くした。慢性中毒には「毒物自身の蓄積」以外にも、また別の形があることを、梁瀬は実験から学んだ気がしたのだ。それは「作用の蓄積」である。毒物自体の体内蓄積ではなく、それが体内を通過することや、毒物が身体の中で分解される過程において、人間の体細胞に軽微な障害が生じ、それが積み重なることで慢性中毒症状を起こす。このような「作用の蓄積」というものが、人体では起こっている可能性がある。

人びとは、農薬のみならず、食品添加物をはじめ数多くの薬物に囲まれて暮らしている。一つ一つの影響は軽微であったとしても、多くの毒物による相乗的な作用（＝「複合汚染」）が、知らず知らずのうちに人体はさらされている。こうした「複合汚染」に、現代人は蝕まれているのではないだろうか。そんな印象を、梁瀬は強く持った。この農薬は急性中毒だけが問題なのではなく、さらに長期にわたる人体への影響を視野に入れる必要がある。梁瀬は自らの身体を実験台にした結果、こうした新たな知見を得たわけだが、山積する現実の課題を前にすると、けっして晴れやかな気分にはなれなかった（梁瀬義亮『生命の医と生命の農を求めて』）。

体調不良を訴えて来院する患者を、「農薬の中毒症状」というフィルターを通してみると、非常に多くの人がそれに該当することが分かってきた。梁瀬は、これまでの研究で得た農薬に関する知見を、保健所に知らせ早急な対策を求めた。保健所は、奈良県薬務課とともに、市場から野菜類を引きあげ、衛生試験所で薬物検査を行うなどした。

一九五九年四月、そうした動きを知り、取材に訪れた新聞記者に対し、梁瀬は「五條市でホリドールの集団中毒事件が発生している」と、その危険性を訴えた。これを受け新聞各社は、ホリドール濫用の事実と被害の実態を大きく報じた。

反響は絶大であった。しかし、五條市内では、大混乱が生じていた。当時ホリドールの濫用は全国的なものだったが、記事により、五條市の農家だけで行われているような誤解を招いてしまうことになったのだ。大阪中央卸売市場からは、五條の野菜が締め出されてしまった。

梁瀬は、農薬の危険性を訴えるパンフレットを次々と発行し、患者の所見や自分の意見を発表した。そのたびに、新聞に大きく取り上げられて、騒ぎはますます拡大していった。梁瀬に賛同する人もいたが、はるかに多くの人が批判的であった。町の医者たちも、ほとんどが反対意見をもっていた。「売名家だ」とか、「虚言癖がある」といった、誹謗中傷の声が日増しに高まっていく。まさしく四面楚歌であった。

そんなある夜、地元の卸売市場関係者から電話が入り、すぐに来てほしいと呼び出された。電話の向こうからは、頭に血が上った人たちの騒ぎ声が聞こえてくる。危険だから行くなと、看護師に制止されるが、直接話をしなければ、事態は変わらない。市場に入ると、予想以上に険悪な空気が漂っている。百人以上の関係者が、気炎をあげている。「農薬の害」を発表して以降、農家や八百屋などが苦境に立たされていることに、胸を痛めていた。しかしこの農薬禍を発表して、社会に訴えることが、医師としての責任であると、梁瀬の確信は揺らぐことはなかった。

「農薬の慢性中毒患者が多発している事実を発表することが、医師としての責務だ。私の主張が間違っているると思うなら、堂々と反論すればよい」

殺気だった屈強な者たちに囲まれながらも、梁瀬は頑として自説を曲げることはなかった。「やってしまえ」という、怒声混じりの吊るし上げは、夜十時から深夜の二時頃までの延々四時間に及んだ。そこへ誰が通報したのか、警官が乗り込んできたことで、ようやくその場から解放されることになった。しかし農薬の問題は、なにも解決してはいない。この出来事は梁瀬にとって、深い心の傷となった（梁瀬、同上書）。

狭い田舎町では、人びとの口さがない噂話が飛び交う。もともと保守的な土地で、お上のお墨付きを得た農薬に反対を表明しても、賛同者は限られている。古くからの理解者だと思っていた人から、「先生、農薬ノイローゼは治りましたか」といわれ、心底落胆したこともあった。

しばらくして、市場で関係者たちから糾弾されたことが、新聞で大きく報じられると、地域ではこれまでとは違う反応が出始めた。小中学校の同窓生である歯科医や造園業者たちが中心となり、総勢五十数名が梁瀬の後援会「健康を守る会」を立ち上げてくれたのである。

さらにサンデー毎日(一九六一年二月二一日号)で、梁瀬の訴えが紹介されると、すこしずつ潮目が変わっていくのを感じるようになった。記事の内容を少し紹介してみよう。

農薬中毒の確信を深めた梁瀬医師は、地元の保健所へ連絡、保健所では県薬務課とタイアップして市内の薬局で販売ルートを調べ、青果市場からは野菜類を引きあげて県衛生試験所で薬物検査をしたが、それだけでは確証はあがらなかった。にもかかわらず、昨年五月の三十五人をピークに同年七月から新患が下り坂になるまで梁瀬医師が扱った患者は七十人にのぼった。

その臨床記録によると、ホリドールなど有機燐製剤の農劇薬は浸透性が強く、植物体内で同化作用を起こして分解し、洗っても煮ても消えない。農作物にごく微量ついても食べて、一、二ヵ月後に中毒症状が現われ、ほとんど肝臓をおかされ口内炎、口唇炎、胃の不快感、腸痛、下痢、悪化するにつれて神経系統をおかされ、目まい、耳なり、弱視、急性近視、寝汗などのほか皮膚に黒ずみ、便秘し、婦人の生理まで止まり、果てはノイローゼが高じて自殺を賛美するようになる。

この記事の反響は大きかった。賛同してくれる各地の農民から、たくさんの便りが届いた。農薬で健康被害が起こることは、現場の農民自身が最もよく知っている。しかしこれまで、ほとんど注目されぬ問題であった。そんなところに光が当たったことで、多くの農民が共感してくれたのであろう。また、医学者や農学者、昆虫学者からも、賛意を示す手紙が次々届き、大いに励まされた。世の中には、たくさんの同志がいることを、梁瀬はあらためて実感したのだった。

パラチオン（ホリドール）は、急性毒性の強い致死性毒物と認識されていたにもかかわらず、現場で使用する農民の安全対策は、後回しにされていた。

先にも触れたが、厚生省（現厚労省）の調べによると、パラチオンの本格使用が始まった一九五三年には、撒布中に七〇人が死亡、一五六四人の中毒者が発生している。五六年には、八六人が事故で亡くなっている。以後も毎年一二〜三五人が、一九六六年までに事故で死亡している。農民は、まさに命がけで農作業を行っていたのである。これらはパラチオンだけの数字によるものだから、他の農薬も合わせた全体で見ると、被害はさらに甚大になると考えられる。

結局六九年まで、パラチオンは使用し続けられたが、一九五三年から六六年までの一三年間に、同農薬による自他殺は、毎年二三七人〜九〇〇人に上っている。驚くべき数字である。

また科学警察研究所の調べによると、パラチオンの使用が禁止されて以降も、これによる自殺者が継続的に発生している。禁止後、約三〇年もたつ九六年〜九九年には、パラチオンによる自殺者が一八人も出ていたという。いまだに手元に保持する農家があるということだが、なんとも不気味な話である。

これだけの被害者を出しながら、「撒布の仕方が悪い」と被害の責任は農民に押しつけ、安全対策には、せいぜいマスクや合羽の着用を勧める程度であった。農業者の健康が、どれだけ無視されてきたかが、ここからもよくわかるのではないだろうか。いうまでもなく当局の責任は、非常に重大である。

さまざまな中傷にさらされながらも、梁瀬の思いは微動だにしなかった。このまま、農薬が無制限に使用され続けると、いずれ大変なことになる。悠久の昔から続く、大自然の営みに、修復不可能なダメージを与えることは必至である。

そういう危機感が、梁瀬を農業の研究に一層駆り立てていくことになっていった。

第四章　生命の農法

梁瀬義亮は、一九五二年から診療の合間を縫い、農法の研究に取り組み始めた。わずかずつとはいえ、研究を続けて数年が経つと、梁瀬の農業知識は飛躍的に増大していた。そのなかで、農薬や化学肥料に依存する農業が、どれだけ自然の摂理に反するものであるかが、次第に理解できるようになってきた。

田畑に病虫害が発生しても、近代農法ではその原因を深く追究しない。梁瀬は農業の研究を続けるうちに、化学肥料を使用すると、土が弱って農作物も病弱になり、そこに病虫害が多発して、農薬を使用せざる負えなくなるという、いわば負の連鎖に陥ることがわかるようになった。

化学肥料は土を固くする。団粒組織が単粒組織に変わり、本来鍬を入れると柔らかく崩れた土が、固く塊のまま転がるような土になる。通気性が悪く、根は窒息状態である。保水性、保湿性は低下し、土は酸性化して、痩せ土になってしまう。

食用植物は、痩せた土を嫌う。酸性の土を、中和しようと石灰を入れると、土がさらに固くなる。化学的にカルシウムと拮抗性のあるカリが逃げてしまう。カリを塩化カリや硫酸カリで補給すると、今度はマンガンが逃げる。まさに悪循環である。こうして元素のアンバランスが連鎖した挙句に、土が死んでいく。

更に恐ろしいのは、土壌にある微生物叢が、荒廃してしまうことである。土の中には、モグラやネズミ、ミミズなどの小さな生物や、バクテリア、カビ類といった微生物が、いわば小宇宙ともいえる生態系を形成している。

土中で微生物が分解した有機質が、植物にとり非常に良い栄養となる。天然の栄養分で育った植物は、健康で病虫害に強く、味や香りもよく、そのうえ日持ちがすることに、梁瀬は気がついた。リービッヒが主張した、「無機栄養説」とは異なる事実である。

しかし土中生態系は、化学肥料を多用するとバランスを崩し、微生物などは減少していく。採れた作物の形は大きく、見栄えはするが、味や香りは明らかに劣る。それに病虫害にも弱くなる。

病虫害が発生すると、近代農法ではその根本原因を追究せず、農薬を撒布することで対処しようとする。梁瀬は、近代農法における、農薬の撒布が、対処療法的な近代医学とそっくりだと感じるようになった。そして、かつて兵庫県立尼崎病院で担当した小林桂子を思い出した。扁桃腺炎で高熱を頻繁に出し、その都度ペニシリンを投与していた、あの美少女である。最初のうちは、ペニシリンの効果は絶大であったが、何度か投与を続けるうちに、全く効かなくなり、やがて敗血症のために亡くなってしまった。

あの時の無力感が、梁瀬の頭からいつまでも離れない。いくら強力な薬を多用しても、本人の生命力を強くしなければ、根本的な治療になっていないのではないか。重要な教訓を、梁瀬はこの苦い経験から学んだ。

同様のことは、農業についても当てはまる。化学肥料で簡単に農作物を育てることが、土壌の劣化を招き、見てくれは立派な作物であっても、生命力に乏しく病虫害が多発する。病虫害は、農作物に備わる生命力の低下を表す現象であるのに、そのことを深く反省せずに、農薬をかけて一気に処理してしまう。最初のうちは、効果があっても、次第に害虫の勢力は以前にもまして、強力になり始める。農薬を撒くと、害虫の天敵が先に滅亡してしまうからである。

また害虫の順応性は凄まじく、何年か経つと抵抗性を持つ個体が現れ始める。そうなると、天敵がいないから、爆発的に発生し、手に負えなくなってしまう。ここから言えるのは、どれだけ強力な農薬であっても、遠からず効果が乏しくなるということである。こうした農法は、結局「土を殺し、益虫を殺し、やがては人を殺す」ことに繋がる。いわば「死の農法」だと、梁瀬は批判した（梁瀬義亮『生命の医と生命の農を求めて』）。

農法の研究を始めた頃、梁瀬は牧畜をやる農家を調査して回ったことがあった。当時は、堆肥で牧草をつくるところが多く、化学肥料だけという業者はわずか二軒だけであった。わずかなサンプル数で、はっきりした結論が出るわけではない。しかし、化学肥料の牧草で飼う牛は、乳房炎などの病気でしょっちゅう獣医が出入りしていた。それに受胎率も明らかに低かった。

化学肥料で作った牧草を食べる牛が、病弱だとすれば、同様のことは人間にも当てはまるかもしれない。一見、どちらの牧草も同じに見えるが、じつは生命力に明瞭な違いが生じているのではないか。生命力の弱った牧草を食べた牛は、結果的に病弱になってしまう。そのような印象を、梁瀬はこの事例から抱いた。

こうした悪循環を断つ糸口は、結局農薬や化学肥料を止めて、有機肥料で土を肥やすことしかない。無農薬有機農法しかありえないという結論に、梁瀬は達した。そして理想的な農法を開発するために、自分の田畑で試行錯誤を繰り返すようになった。実践を始めたものの、うまくいくこともあれば、病虫害が大発生して全滅することもあった。収穫の安定性がなければ、立派な農法だと胸を張ることはできない。

一九五九年の稲作には、大いに自信を持って臨んだ。藁をすき込み、鶏糞や石灰をたくさん施して耕起した。最初のうちは、勢いよく生長した。ところが期待に反して、イモチ病が大発生し、あえなく全滅してしまった。同じように作ったキャベツ畑も、虫害で惨憺たる状況になった。梁瀬は、どうして失敗したのか、考え込むことが増えた。理想的な農法は、どのようにすれば確立することができるのか。

翌一九六〇年の初夏、町から離れた山の上まで往診に出かけた。雑木林の中を登っていくと、木々の新緑が勢いよく広がり、青い香りが一面に充満している。自然の息吹に抱かれて、言いようのない心地よさを感じた。思わず往診カバンを地面に置き、緑の葉っぱに触れてみた。これだけ木々が密生しているのに、どれも非常に元気で勢いがある。カバンを置いた地面を見ると、落葉が一面に広がっている。木は、落葉だけで生長している。葉っぱは、大変なエネルギーを有するようだ。

梁瀬はふとしゃがんで落葉を摑み、匂いを嗅いでみた。さらに深く掘ってみると、腐食した枝葉が出てきて、さらに香ばしい匂いがしてきた。そのとき梁瀬は閃いた。自然の堆肥は落葉や枯草が地上に積もりながら、下層の部分から順に出来上がっていく。十分空気が行きわたり、好気性微生物が活躍してできる、いわば好気性完熟堆肥になるわけである。

ところが、これまで梁瀬が試みてきた農法は、有機質を生のまま土の中に埋めていた。これでは土中で空気が通わず、腐敗が起こり消化不良のようになってしまう。こういう状態では、嫌気性微生物が繁殖し、嫌気性堆肥となってしまう。植物にとって、このような堆肥は望ましいものではない。土の中で発生するガスなどで、植物の根は傷み、生命力はおのずと低下していく。

このことに気付いて、梁瀬は思わず膝を打った。以前、篤農家から「土から出たものは土へ返せ」と教えてもらったが、本当は「土から出たものは、土にしてから土に返せ」でないといけないのだ。梁瀬は自らが目指した理想の農法における要諦を、ついに摑んだのであった。「完熟堆肥は土の中、未熟堆肥は土の上」と、独り繰り返しながら、緑の中を颯爽と歩きだした（梁瀬、同上書）。

西欧近代における様々な学問の発展は、ニュートン以来の古典物理学に体系的な規範を求めたことによる。観測者が観測対象から独立することで、より厳密な分析が可能となった。

微分方程式の体系で、物質の運動を記述する古典力学が完成した。物理学のみならず経済学でも、同じく微分可能な関数関係で経済現象を記述できれば、より完成された学問だと考えられるようになった（中村尚司『地域自立の経済学』）。

学問は細分化を重ね、当事者は研究から排除されていく。木を見て森を見ぬ、部分知だけが肥大化していく。個別的な専門化学は、力学モデルの体系化を目指した結果、生命全体を扱う方法を持ちえず、同様の分析手法で生命分野を扱うことになると、不都合が生じることになってしまった。その結果、現代の医学では「生命とは何か」という問いに答えることが、難しくなってしまっている。

同じ条件下で実験をすれば、誰がやっても再現可能であることが、科学の前提である。ところが生命を扱う場合は、そういう訳にはいかない。必ず違いが生ずるのが、生命というものである。遺伝的に全く同一である、一卵性双生児の片方が統合失調症になっても、もう一方が同様に発症するわけではない。両者がこの病になる確率は、ほぼ五〇パーセントだといわれている。

環境因子や成育歴など、一人一人の人生はけっして同じではありえない。他者とは取り換え不可能な、たった一度きりの人生を、私たちは生きている。いや人間のみならず、あらゆる生命は、元に戻ることのない不可逆的な時間を、懸命に生きているのである。このように個別の生命を取り巻く世界は多様で、力学モデルを適用して判断することには、相当な無理が生じてしまう。

もしこの世が、ニュートン力学が想定する無限に滞ることのない、循環の世界であったならば、終わりも始まりもない死の空間になってしまう。ニュートン力学の可逆的な時間である。

梁瀬の発想は、エントロピー論とも一脈通ずるところがある。エントロピーとは、エネルギーや熱、物質の拡散の程度を示す物理量である。平衡状態に達していない閉鎖系のもとでは、熱や物質の拡散は増大する一方となる。もしも定常的な流れの循環がないと、高エントロピーの廃熱や廃物をその系の外部へ捨てることができず、生命系の維持と再生産が困難となる。この定常流の循環が始まるためには、物質やエネルギーの不均一な場がなければならない。

地球は生きているとよく言われるが、それは大体において詩的な比喩として使われる。しかし、定常的な水圏の流れを持っていることにより、地球は本当に生きているともいえる。竜巻や洪水のような変化を含みながら、液相と気相のサイクルは維持されている。その過程で、廃熱は水蒸気の分子振動により宇宙空間に赤外線放射され、地球が熱地獄になるのを防ぎ、延命を可能にしている。もしも太陽熱で温められるだけで、そこに物質やエネルギーの流れがなければ、熱平衡の世界、すなわち地球は死んだ星になる（中村、同上書）。

私たちが生きる熱学の世界には、必ずズレや歪みが伴う。不純物が入り込んだ、摩擦をともなう生命系の世界にいるからこそ、時間が一定の方向性を持つことになった。循環する系内から、エントロピーをすっかり系外に出し切ることができなかったり、非生命的な要素を含んでいるがゆえに、定常開放系は生きているのである。

私たち生命体も、老化とともに体内の循環性は滞り、老廃物を排出する機能も衰え、やがて個体を維持することは不可能になる。そうして、個々の生命はいつか必ず死ぬときがやってくる。逆説的に言えば、生命はいずれ最期が訪れるからこそ、いまを生きている存在なのかもしれない。

しかし個体の死は、別の生命の出発点である。個別の循環性が終わるところから、新たな多様性が始まる。生命は個体の活動停止を乗り越えるために、世代交代の仕組みをつくっている。世代交代は、単に前世代の複製にとどまらず、新しい活動のあり方を生みだす。更新することで、生命系は一段と多様になる（中村、同上書）。

このような有限の生命を扱う場合は、また違う物差しが必要になる。梁瀬は、生命体は物理や化学の法則のみならず、いわば「生命の法則」というものに、支配されているのではないかと考えるようになった。「生命の法則」とは、「生態学的輪廻の法則」であると思いいたった。

雨が降り、水は河川から海に流れ、また地中に浸透しながら、やがて太陽熱により水蒸気となる。この時、水蒸気の分子振動によって廃熱を宇宙空間に赤外線放射して捨て、地球が熱地獄になるのを防いでいる。そして水は、再び雨となって地上に降り注ぐ。

地球は決して閉じられた空間ではない。循環性のある開放定常系の中で、私たち生命体は生きている。すなわち梁瀬のいう生態学的輪廻の中に、生命体は生かされているのである。

にもかかわらず、閉鎖的な空間での実験で導き出される法則を万能視して、地球上の事象すべてを理解しようとすると、私たちの身体感覚とはズレが生じるのではないか。植物は太陽エネルギーの力で、光合成をおこなう。地中から吸収した水や養分、空気中から吸収した二酸化炭素を用いて、生体内で澱粉や糖などの有機化合物を合成する。動物は、植物が合成した有機物を食べることにより生きている。植物は生産し、動物は消費する関係にある。

すべての命には限りがある。動物の排泄物や、動植物の死骸を、今度は微生物が分解する。地上に積もった死骸などを、微生物が分解すると好気性完熟堆肥となる。非常に香ばしい芳香があり、悪臭を放たない。一方、空気の通わないところでは、嫌気性堆肥ができるが、こちらは植物に取り毒物となる。

定常開放系の地球で循環性が永続する限り、この生態学的輪廻の法則は確保されうる。原始林は何万年が経とうとも大木を育て、大草原は茂り、人間の田畑も健全な農作物を生み続けるに違いない。大いなる地球の輪廻に抱かれるなかで、「土から出たものは、必ず土にしてから土に返せ」、「完熟堆肥は土の中、未熟堆肥は土の上」という、「生命の農法」に梁瀬はたどり着いた。

好気性完熟堆肥は、植物にとり健全な食べ物であるだけでなく、土中生態系にとっても極めて大切な栄養源である。土中の生態系を保つためにも非常に重要である。梁瀬は、長年の研究から、好気性完熟堆肥による理想的な有機農法が行われた時は、人間と益虫や害虫が、絶妙なバランスに保たれるとの感触を持った。害虫が農作物を食べるのは、おおよそ五パーセント程度におさまると感じた。しかし化学肥料を施し、土中生態系が乱れると、たちまち病虫害が増えてくる。

また好気性完熟堆肥が十分に施された健全な土壌に育った農作物は、人間にとり美味で、健康的であるが、害虫はこれを好まない。化学肥料で育てた、どちらかと言えば成分に欠乏の多い農作物を、害虫は好む。「人間にとって好ましい農作物よりも、人間に不適当なものを害虫は好む」ということになる。害虫とは人間の健康によくない農作物のインディケータだと、梁瀬は考えるようになった。

農業では、雑草が生えているのは好ましくないということが、半ば常識になっている。除草に情熱を傾けるのは当然で、除草剤を過度に使うことの一因にもなっている。さながら雑草は「農業の敵」であるかのようだ。

だが梁瀬は、雑草こそは人間の食用植物を作るために、必要な有難い自然の恵みだと考えた。痩せた土には、私たちが好む植物は生育しない。そこには痩せ土を好む、強靭な生命力を持つ雑草が生えてくる。それが枯れて、次々と積み重なり、堆肥化して土を肥やす。土が肥えてくると、痩せ土を好む雑草が消え、肥えた土を好む雑草と入れ替わる。やがて土が十分肥えると、人間の食用植物を作る土壌になる。

痩せた土に作物を植えると、勢いよく成長できない。これに反して、痩せた土を好む雑草は旺盛に生育する。この様子からすると、雑草の勢いに農作物が負けているように見える。人は雑草が悪いというが、じつは土が痩せていることに原因がある。

梁瀬は、好気性完熟堆肥で土を十分に肥やしてやりさえすれば、作物はよく生長し、雑草に害されることはないと考えた。土さえよく肥えていれば、雑草は恐れるものではないという。

とはいえ、草を取らずに放置しておくのは良くない。稲作や蔬菜の栽培においては、一〜三回は草を取り除いてやるほうがよい。果樹栽培の場合は、もっと丹念に草取りをしなければ、虫害が発生する恐れがある。やがて農法の研究が進み、梁瀬は雑草の利用こそ、農業にとって最も大切な要素の一つであるという結論に到達した（梁瀬、前掲書）。

また近年、農業に人間の屎尿を用いることについては、不潔だとして忌避されるようになっている。戦後、アメリカの農学者が、伝染病や寄生虫の原因になると、批判的だったことが、その背景にあったと言われる。

日本をはじめアジア各地で、長い歴史を持つ屎尿の利用だが、正しく行えば非常に有効な肥料になる。野壺にため、度々かき混ぜて空気を入れながら、三〜六か月放置すれば、ばい菌や寄生虫卵も死滅してしまい、よい有機質肥料になる。屎尿を肥料にすることで、単なる廃棄物として処理するよりも、ずっと物質の循環に寄与し、環境に対しても負荷が少なくなる。

梁瀬は、「生命の農法」における、最も大切な作業が堆肥づくりであると強調する。健康な農作物を育てるための、良質な土は立派な堆肥なしではできない。好気性完熟堆肥になるよう留意するのは当然であるが、作物が吸収できる養分が十分にある土になるには、堆肥の内容が重要である。堆肥材料には、植物性のものを六〜七割、動物性を三〜四割にするのがよい。前者は、藁、落葉、枯葉、おがくずなどで、これらには土を柔らかくする成分が豊富である。後者については、土の肥料度を高める効果がある、牛糞や豚糞、鶏糞、人糞、尿などである。

柔らかく肥料度の高い土を作るためには、堆肥づくりが重要である。梁瀬が参考にしたのは、有機農業の父ともいえるアルバート・ハワード（一八七三－一九四七）が提唱した堆肥製造法（インドール式処理法）である。

動植物性の廃棄物から腐植を作り出すインドール式処理法は、二〇世紀の前半、中央インドのインドール（現在のマッディヤ・プラデーシュ州）にある農業研究所（Institute of Plant Industry）で考案された。名称は、発祥の地である、中央インド州の名にちなんで付けられている（アルバート・ハワード『農業聖典』）。

梁瀬の堆肥づくりは、最初に藁や枯草、おがくずなど植物性の材料を二〇センチメートルくらいの厚さにおき、適量の水分を含ませる。次にここに石灰をおき、さらにこの上に動物性の牛糞や豚糞、鶏糞、人糞、尿などをおく。最後によく肥えた土、あるいはすでに出来上がった堆肥を少しだけおく。これは微生物の種としてだから、わずかでよい。

これを一つの単位にして、同じ順序で繰り返していき、一・五メートルくらいまで積み重ねる。堆肥はけっして雨ざらしにしてはいけない。必ずトタンやビニールシートで、雨を防ぐようにする。四日〜一週間ほどで発熱し、摂氏六〇度くらいで一度切り返す。三週間くらいしてから、もう一度切り返し、その後は五〜六か月ほど放置すると、完熟堆肥が出来上がる。堆肥づくりからもわかるように、梁瀬の農法には、ハワードの影響も読み取れる。

ハワードは、植物病理学者で、四〇年間にわたる研究生活の大半を、インドの農業試験場で過ごした。イギリスでは化学肥料の多用による、土壌への悪影響が広がっていることを憂慮し、腐植を投入することで、生命の循環を取り戻すことが、なにより重要であると主張した。特筆すべきことは、彼が中国やインドで古来行われてきた伝統的な農業に、理想的な永続可能性を見出し、強い影響を受けた事であろう。

その著書『農業聖典』のなかで、ハワードは次のように述べている。

アジアのほとんどの国では、人間の排泄物が土地に還元されている。中国では、作物への直接施用することを目的に、人間の排泄物が集められる。インドでは、人間の排泄物は、集落のまわりの土地に集中して施用される。(中略)インドには五〇万もの集落があり、その集落のまわりには、住民の慣習によって常に過剰に施肥されている非常に肥沃な土地が存在する。

この土地で栽培された作物を調べれば、収量が高く、作物には病気がまったくないことがわかる。

東洋で継承されてきた伝統的農業のあり方に、一種の理想形を見たハワードは、そこから西欧の近代農業における根本的な問題点を指摘した。だがインドール式処理法は、あくまでイギリス植民地下のインドにおいて、現地の低賃金労働力を利用することにより成立しえた方法であったことを、忘れてはならないだろう(藤原辰史『ナチス・ドイツの有機農業』)。

こうしたハワードの主張は、アメリカのJ・I・ロデイル(一八九九—一九七一)に受け継がれる。ロデイルは、農学者でも農民でもなかったが、ハワードの『農業聖典』を読み感激し、すぐにペンシルバニア州エメイヤスに六〇エーカーの農場を購入し、有機農法を実践し始めた。しばらくして、自分や家族の健康状態が向上したことから、ロデイル・プレス社を設立し、『有機園芸』や『予防』などの月刊誌を創刊し、多くの購読者を摑んだ。

ロデイルが『有機農法』を書いた動機は、一九三〇年代のアメリカで、広範囲にわたり生じた乾燥や土壌の荒廃に危機感を持ち、農地を保全するためには、農法をどのように変えるべきかを、述べることにあった。同書における議論の多くは、ハワードの諸説を敷衍したもので、新味には乏しいが、ハワード理論をアメリカで広く紹介する役割を果たしたことは間違いない。ロデイルの出版社は、後に「財団法人　土と健康」を設立して、アメリカにおける有機農業運動を先導する役割を果たした。ロデイルの著書や雑誌に触発され、アメリカ国内では有機農法を実践する農家や、オーガニック食品の専門店が急増していった。

ハワードやロデイルの影響を強く受け、日本で最初に有機農業と命名し、のちに日本有機農業研究会の設立に尽力したのが、一楽照雄である。ここからも日本の有機農業運動は、ハワード＝ロデイルの系統に位置づけられるということが言える。

ハワードやロデイルの系譜とは別の潮流として、人智学の主唱者ルドルフ・シュタイナー（一八六一―一九二五）による「バイオ・ダイナミック農法」がある。農場を閉鎖的な有機体とみなして、化学肥料など循環を阻害する資材を拒否し、家畜の糞尿など自家生産する有機肥料を用いる農業をおこなう。あくまで、農場内の物質循環を基本とするところが、この農法の特徴である。シュタイナーの営農法は、欧米諸国で一定の広がりを持っている。

忘れてはならないのは、「バイオ・ダイナミック農法」が、ナチス・ドイツに接近し、「ナチス・エコロジズム」において、大きな影響力を持ったことである。強制収容所の敷地内にも、同農法による菜園があった（藤原、同上書）。

ナチス・ドイツは、ゲルマン民族の優越性を誇る一方、ユダヤ人を劣性な民族だとみなし、ついには生物学的抹殺をもくろみ、大量虐殺を実行するに至った。ヒトラーは菜食主義者で、酒やタバコを忌み嫌う、過剰な潔癖性を持つ人物でもあった。その影響で、アルコールは精神薄弱、犯罪、遺伝的退化、ニコチンは不妊、不能、老化を促進する元凶であるとの風潮が、社会を覆った。ヒトラーは動植物を愛で、種の境界を取り払い、すべての自然を平等に扱う共生を目指した。やがては国民すべてを、菜食主義者にさせようとも考えていた。この狂信的ともいえる禁欲主義者の内面において、矛盾なくホロコーストが同衾していたわけである。

ナチス・ドイツで、シュタイナーの農法が受け入れられたという事実は、エコロジー運動のなかに、ファシズムと無理なく結合しうる近似性があることを示唆している。日本の自然食や有機野菜の愛好家にも、一部に物事を単純な善悪二元論で裁断し、農薬や食品添加物などを、ことさら排撃しようとする傾向をみることがある。世の中から、「悪」さえ取り除けば、社会に平和や幸福が訪れるとの、単純明快な世界認識である。だからひたすら、悪者探しに熱中してしまう。そういう人たちは、社会の些細な歪みや間違いが許せない。絶対的な正義を振りかざし、悪者の根絶を声高に訴える。

近年、日本において、外国からの輸入食品、とりわけ中国産の農産物や加工食品を、害毒であるかのごとくに、こき下ろす論調が猛威を振るっている。まるで「純粋無垢な日本人を辱める」とでも言いたげな、煽情的でナショナリスティックな言説である。

同時に、市中では在日コリアンなどを標的にする、ヘイトスピーチが公然と行われる状況にある。ネット上でも、同じくマイノリティを蔑む、悪意に満ちた誹謗中傷が飛び交っている。

ナチスとシュタイナー農法が近づいたように、日本でもこれらの差別的で偏狭な排外思想が、共闘関係を結ばぬとも限らない。生活の安全を目指す運動には、他者への痛覚が鈍麻してしまう危険性が常に付きまとう。そのことを、私たちは肝に銘じる必要がある。

梁瀬の研究方法は、徹底した現場主義を特徴としていた。とにかくたくさんの現場に足を運び、注意深く観察する。医学のみならず農業の研究においても、その原則通りに田畑を見て回った。そこから帰納的に様々な法則を見つけていった。

前章でも述べたように、一九五五年七月、発熱と肝腫脹の症状が見られる乳児の患者が増えたときにも、彼の観察眼が光った。非常に丁寧に診察し、森永乳業の粉ミルクが原因ではないかと、メーカーに対して最も早い段階で注意喚起をしている。その直後に、全国紙が森永ヒ素ミルク中毒事件を報じたことから、世間は大騒ぎになった。この事例などは、梁瀬の面目躍如たるものがあったというふうに思える。

机上の学問とは一線を画す、こうした手法を梁瀬は「帰納的・生態的方法」と名づけている。公理から定理を導く、数学的な演繹法とは正反対の研究態度であることをよく表している。

例えばイモチ病を研究するにしても、机上の顕微鏡でイモチ菌を調べるようなことはしない。イモチの発生した地域へ行って、とにかく詳しく見て回る。すると発生地帯の中にも、必ずイモチが出ていない田んぼがあるので、その農家を訪ねて肥培管理を聞いてみる。

台風のあとには、たくさんの稲が倒伏するが、なかには倒れていない田んぼもある。そういう農家を探して、どのような管理をしていたかについて、入念な聞き取りもした（梁瀬義亮『有機農業革命』）。

また梁瀬は、一つの事柄を長いスパンで観察している。農業試験場の実験データは、単純な条件下で短期間の試験により、結果が出されるのが一般的だが、本当は最低でも一〇年間のデータが必要だと、梁瀬は考えた。

有機農法の実践家には、自分の考えを絶対視して、他者の意見に全く耳を貸さない、頑迷固陋なタイプの人物をよく見かける。単なる浮世離れした視野狭窄なのに、本人はいっぱしの思想家気取りで、ふんぞり返っている。農業は、狭い範囲の田畑に、孤独に向き合う作業である。自分の手で作物を育てるうちに、いつしかミクロコスモスの造物主に、自らを祭り上げてしまう恐れがあるのかもしれない。

しかし梁瀬の場合は、けっしてそういうことが無かった。医師として、農薬の被害を無くしたいという思いが、常に当事者の声に耳を傾けることに繋がった。それに現場の農民から、一貫して学ぼうとする姿勢が、自己陶酔や教祖化の罠に陥ることを防いだ。何事も自分一人で考えるだけでは、限界がある。それよりも、経験豊富な人たちから学ぶことが、どれだけ重要であるかをよくわかっていたのである。そうした積み重ねを、自らの農法に生かしながら、労力や費用、収量そして出来た作物の形状を吟味していった。

結果的に、無農薬有機栽培であっても、一般的な農家と比較して、収量や見栄えも遜色のない農作物が収穫できるようになった。

このようにしながら、梁瀬は自分の目指す「生命の農法」に、少しづつ自信を深めるようになっていった。

第五章　農薬による健康被害

奈良県五條市の中心部から吉野川を遡ると、七一九年に藤原武智麻呂創建とされる栄山寺がある。その近くで川岸宗子《ときこ》（一九三四年生まれ）は、二〇一一年に亡くなった夫の春雄と長く有機農業を営んできた。今は一線を退き、次女とその息子である孫が後を継いでいる。

川岸宗子の父南正太郎は、旧国鉄の機関士だったが、戦時中米軍による爆撃の標的になることを恐れて退職し、金剛山麓に広がる五條市住川の開拓地に入植して農業を始めた。柿や桃を主体に、そこに蔬菜類を合わせて栽培し、一家総出で懸命に働いた。ところが正太郎は、リウマチとぜんそくに倒れてしまう。宗子は、寝込みがちの父に代わって、早くから先頭に立って農業に携わるようになった。

一九五七年に宗子は、栄山寺近くの五條市島野で農業を営む、川岸春雄に嫁ぎ、五九年に長女、六一年に次女と二人の娘を授かった。春雄が親から農業を引き継いでから約一〇年が経つ頃で、化学肥料や農薬全盛の時代でもあった。真面目な春雄は、農業普及員に忠実に従い、化学肥料を沢山使って、農薬撒布も人一倍熱心に行っていた。

一九六三年、そんな春雄は原因不明の体調不良を訴えはじめる。疲れやすくなり、仕事に集中できなくなってきたのだった。不調を紛らすために、酒量が増えていくが、調子は悪くなる一方である。病院に行くと、肋膜炎と診断され、それから七か月間も入院することになった。退院後は、何事にも投げやりになり、農薬使用はこれまで以上に増加していった。

時を同じくして宗子も、全身の倦怠感に悩まされるようになり、梁瀬義亮の内科医院を受診することにした。診察の結果、貧血や膀胱炎、原因不明の浮腫などが見られる。その後も診察室を訪れては、いつも同じような不調を訴えるのだが、症状は容易に改善しない。梁瀬の目からすると、慢性の農薬

川岸農園。土が黒々としている

中毒を疑うに十分な所見であると思われた。

家に戻り、宗子は春雄に農薬が原因の体調不良ではないかと訴えるものの、いかにも胡散臭いといわんばかりに、全く聞く耳を持たない。以後も春雄は、自暴自棄のように多量の農薬撒布を続けた。

そうするうちに宗子は、梁瀬が主宰する仏教研究会に顔を出した。心身ともにつらい生活が続くことに、疲れ切っていたのだった。

「もうすべてを仏陀にゆだねて祈るしかない」

そんな切実な気持ちになっていた。

それからしばらくして、春雄は自分の頚部に大きな腫瘍ができているのに気がつき、あわてて梁瀬の元に駆け込んできた。前夜、泣きはらしたのか、春雄の目は真っ赤であった。

「いよいよ来るべき時が来たのか」

梁瀬は、大病院への紹介状を書きながら、言いようのない悲しみに襲われた。

ところが検査を受けて結果が出る前に、その腫瘍は消えてしまった。一度は生命の危機を感じた春雄だったが、この出来事をきっかけに、農業に対するこれまでの考えを改め、以後無農薬有機農法に転換する決意を固めた（梁瀬義亮『生命の医と生命の農を求めて』）。

有機農業を実践しはじめて、最初は病虫害の被害に悩まされるかと思ったが、意外なほど順調に収穫ができた。堆肥と油粕、石灰を使うだけで、農薬や化学肥料代がかからなくなったので、特に減収にもならなかった。最初は米のほかに、農薬なしでも作りやすいニラを栽培し、よい収入になった。農薬を撒布する手間がなくなったのも、有難いことであった。除草剤も使わないので、草取りは必要だが、土が肥え柔らかくなったことから、思ったよりも抜きやすく感じた。

有機農業に取り組みはじめて、なにより健康になったのがありがたかった。そうなると、家庭の不和はなくなり、家族みんなの表情が明るくなっていく。これまでの悪い流れとはうって変わり、自分を取り巻く状況が、好転し始めたように感じられた。そして、ただ機械的に農業に取り組んでいたころと違い、豊かな自然の中で、健康に暮らせる幸福を実感するようになっていた。

和歌山県粉河町（現紀の川市）の中田圭子（一九三二年生まれ）は、夫の雄治（一九三一年生まれ）とともに長くみかんと水稲、玉ねぎを栽培してきた。

一九六四年、圭子は原因不明の十二指腸潰瘍を患ってしまう。何をするにも気力が湧かず、憂鬱な気分で自宅と田畑を往復する毎日が続いていた。いったいどうして、このような病気に罹ったのか、皆目見当がつかない。知人に相談すると、農薬の影響ではないかと心配された。そして、五條市で農薬の害を訴えている、梁瀬というお医者さんがいると教えてもらった。

そう言われれば、思い当たる節があった。当時みかんの栽培に、年間一二回もの農薬撒布をしていた。それが身体に悪影響を及ぼしているのではないだろうか。そう考えると、いてもたってもいられなくなってきた。

藁にもすがる思いで、梁瀬に手紙を出してみることにした。すると数日後、梁瀬から丁寧な返信が届いた。その感動たるや、地獄で仏に会ったような気分であった。それをきっかけに、梁瀬医院に通い始めることにした。診察を受けると、農薬中毒による不調の可能性が高いと指摘される。梁瀬から、農薬がどれだけ人体に悪影響を及ぼすかを教えてもらったことで、圭子の農業観が一変する。

ただちに無農薬栽培に転換することを決意したが、梁瀬からは少しずつ農薬を減らしていくほうがよいと言われた。土づくりが出来ていないところで、急に農薬を止めてしまうと、病虫害で皆無作になってしまうかもしれないからである。

しかし、一日も早く農薬中毒から脱出したい一心で、圭子は農薬と決別することにした。忠告の通り、みかんは赤ダニが発生して、惨憺たる状況になった。農協に出荷するも、あまりに酷い外観に、安価なジュース用でしか荷受けしてもらえなかった。お米もウンカが大発生して、壊滅的被害である。

しかし、けっしてめげなかった。むしろ、これから成長する二人の息子のためにも、頑張らなければならないと、勇気が湧いてきた。酪農家から牛糞をもらい、おがくずや水成岩の粉末を合わせて堆肥づくりに専念する。みかん畑には、反当り五トンの堆肥を入れ、丹念に土づくりに取り組むうちに、三年目くらいからようやくちゃんとした作物ができるようになってきた。

同時に、梁瀬の主宰する五條仏教会にも、参加するようになり、人間至上主義的な世界観も徐々に改めるようになった。梁瀬は「生命の農法」が、どれだけ大切であるかを常に訴え、大いなる自然が調和するからこそ、私たちはその恵みを頂くことができると強調していた。大自然に対する、畏敬と感謝の念がなにより大切だということが、中田にも次第にわかるようになってきた。

もしも梁瀬に出会わなかったら、自分はあっけなく死んでいたかもしれない。中田圭子は、そんなことを考えながら、日々健康に暮らせるようになったことを、心からありがたく思った。

一九五〇年代の後半に、夫の転勤で東京都武蔵野市から兵庫県伊丹市に引っ越した唐沢とし子は、もともと田んぼがあったところに建つ社宅で暮らし始めた。

六月のことである。周辺は二毛作地帯で、唐沢の自宅近くはイチゴ畑になっていたが、頻繁に農薬を撒布する。しばらくすると、体調がどうにもおかしい。最初は、唾液が出なくなり、食欲が無くなった。冬場になると、少し調子は回復したが、春から夏にかけて再び不調が続く。生理以外の不正出血が始まり、子宮ガンさえ疑った。

翌年も春が来ると、体の調子がおかしくなる。ついには失神して、病院に担ぎ込まれた。病院の医師は、「不思議と田んぼの周りの人が不調を訴える」という。そして、「周囲に家が建ち、農地が離れていくと、そうした訴えは少なくなる」と話すのだった。

当時幼稚園児だった息子にも、異変が生じ始める。腹が膨らみはじめ、医者に行くと腎臓炎だと診断された。緑色の膿のような鼻汁を出し、夜になると足のだるさを訴え、しゃくりあげて泣き叫ぶようになった。

近所の女子大生は、月に生理が二回あると訴える。東隣の飼い犬に至っては、涎を垂らしながら、狂ったように死んでいった。

思えば妙なことがあった。七月の早朝、長袖と長靴に目出し帽をかぶった完全防備の人から、「窓を閉めて」と言われた。彼らは農薬を撒いたあと、自転車に乗って逃げるようにその場を立ち去った。

だが、真夏のことだから、しばらくして窓を開ける。すると、一日中食欲がなく、体調がすぐれなかった。彼らは、毒性の極めて強い有機リン系農薬パラチオン（商品名ホリドール）を、撒布していたのだった。

そうした日々に耐え兼ね、農薬撒布を止めさせようと「消毒お断り、引き返してください」との看板を作り、作業者の前に飛び出して、実力で阻止しようとまでした。周囲は、唐沢を狂人扱いするが、そこまで思いつめるほどの肉体的な苦痛に、本人は苛まれていたのである。

自衛手段として、農薬を撒くときは知らせてほしいと、その農家に交渉に行った。すると、農家の奥さんも青白く幽霊のように痩せていた。子どもは、倉庫に積んである農薬の袋に乗って遊んでいた。このとき農薬の被害者は、当事者である農民自身であることを悟った。

思い切って、「自分の体調不良は、農薬が原因ではないのか」という疑念を、新聞に投稿したところ掲載された。すると、その記事を読んだ滋賀県の歯科医から、ハガキが届いた。農村部で暮らすその人も、周囲で農薬が撒布される度に、家族が体を壊すということだった。

「あなたは農薬の慢性中毒ではないかと思われます。奈良県五條市の梁瀬義亮医師が農薬の研究をしているので、ぜひ訪ねてみたらどうでしょうか」とあった。

実はその前年、自宅向かいの主婦田中シズが、東京からの帰りに、電車で偶然隣り合わせ、話し込んだ人がいた。農薬の害について訴えるために、当時の池田勇人首相に陳情に行った帰りの梁瀬義亮であった。

話が唐沢の症状に及ぶと、「この本はいま一部しかありません。その気の毒な方に渡してください」

といって、「健康を守る会」の会報を渡された。シズは、その足で会報を唐沢に届けに来た。唐沢は、シズの前でその会報を声に出して読みながら、涙が流れて止まらなくなった。

それから唐沢は、夫に「五條に連れて行ってほしい」と、何度も懇願した。しかし当時、大病院に通っていたことから、「そんなところに行っても仕方がない」と相手にされず、そのまま時間ばかりが過ぎてしまっていたのだった。

しかし歯科医からのハガキにも、梁瀬のことが記されていたことで、唐沢の心は揺れ動いた。何とか夫を説き伏せて、ついに奈良県五條市の梁瀬医院を訪ねることになった。無理を言って、日曜日に医院を開けてもらったのだが、問診に二時間くらいかけて、非常に丁寧に診察してくれた。

唐沢と最初に会った時の印象を、梁瀬は次のように記している。

昭和三十五年十月頃、私は伊丹市から一人の婦人患者の来訪をうけた。年齢は五十二、三歳かと思ったが、カルテを見て驚いた。まだ三十五歳である。聞けば、二年前より関西のいろいろの病院を廻っているが診断もはっきりせず、病気は一向よくならない。その上、急に老けこんでしまったとのことである。事実、御主人といわれる附添の人を、私は最初、彼女の息子さんかと思った。

（梁瀬義亮『生命の医と生命の農を求めて』）

夫とともに梁瀬の前に姿を現した唐沢は、やつれ切っていた。各地の病院でつけられた病名は、慢性胃炎、慢性肝炎、胃下垂、ノイローゼ、挙句の果てには白血病との診断までついていた。

梁瀬は、唐沢が健康のためにと多食していた果物の残留農薬と、自宅周囲で撒布される農薬による慢性の農薬中毒が原因ではないかと疑った。とにかく重症であったことから、事細かに養生法を説明し、無農薬でつくった米と有機野菜を、夫の仕事場に送ることにした。いつもは帰宅が遅い夫も、野菜が届く日だけは、それをもって早く帰るようになった。それをその日のうちに洗い、一日分ずつ分けて、冷蔵庫に入れて保管した。以後は、砂糖も黒砂糖にし、毎日ケールの青汁を飲み、三分づきの玄米を食べるようになった。唐沢の体調は、梁瀬から届く野菜を食べるうちに、少しずつ回復し始める。それまで毎日あった不正出血も止まった。

調子が戻ると、ついつい自分で市場に出かけて、一般の食材を買って帰ってしまう。すると、とたんに出血が始まる。そうしたことを何度か繰り返したことで、自分の身体が農薬に過敏に反応する体質であることを、実感するようになった。

その後、福岡に転居したので、穀類だけは梁瀬から送ってもらい、野菜は自家菜園でまかなうことにした。

一九七一年に横浜に移り、念願のマイホームを購入した。田んぼや畑から離れたところを探し、海や雑木林のある自然豊かな場所を見つけた。翌年から、友人たちと共同購入を始めることにした。椎茸からスタートし、次にイモ類を扱った。最初は量が多く、余ることが多かったので、近所の人に配ったりしていた。そうするうちに、味が違うと評判を呼ぶようになり、仲間に加わる人が増えていった。扱う品も、野菜ばかりではなく、果物や牛乳などの乳製品、調味料へと広がっていった。一九七五年には、会の名称を「横浜土を守る会」にし、多くの会員とともに、産消提携による共同購入が盛り上がっていくことになった。

農薬や化学肥料に依存する日本の農業は、農作物をまるで工業製品のように評価しようとする。市場では、色や形が整い、虫食いがひとつもない過剰なほどの〝美しさ〟を、野菜や果物に求める。スーパーなどの店頭で見かけるそれら商品は、市場の規格を満たして、奇妙なほど均質である。農作物も人間と同じく自然の生命であるのに、ひとつの個性も感じられない。明らかに不自然である。

消費者も、均質な農作物を当たり前だとみなし、虫食いや不揃いの野菜類を、忌避するようになってしまった。野菜や果物は、いつしか美術工芸品と同じ価値尺度で、選ばれるようになってしまっているのかもしれない。

結果的に、農業の現場では、見た目の美しさを求めるあまり、必要以上の農薬を撒布することになる。健康や自然環境を考えると、決して望ましいことではない。多くの農民は、内心は忸怩たる思いを抱えながらも、慣行を変えられずにきた。

農薬といえば、消費者の関心は農作物への残留に集まりやすい。日本において、それらが社会問題化したのは、七〇年代に母乳や牛乳に有機塩素系の殺虫剤ＢＨＣの残留が見つかったことがきっかけである。

ＢＨＣは、一八二五年にＭ・ファラデーにより合成され、一九四二年にイギリスで殺虫作用があることがわかり、殺虫剤として生産されるようになった。日本では、四五年に京都大学で合成され、以後複数の会社で製造が行われるようになった。四九年にウンカの駆除に効果が認められると、瞬く間に全国的に使用が拡大した。六六年に、高知県が行った調査で、食品や人体に高濃度のＢＨＣが蓄積

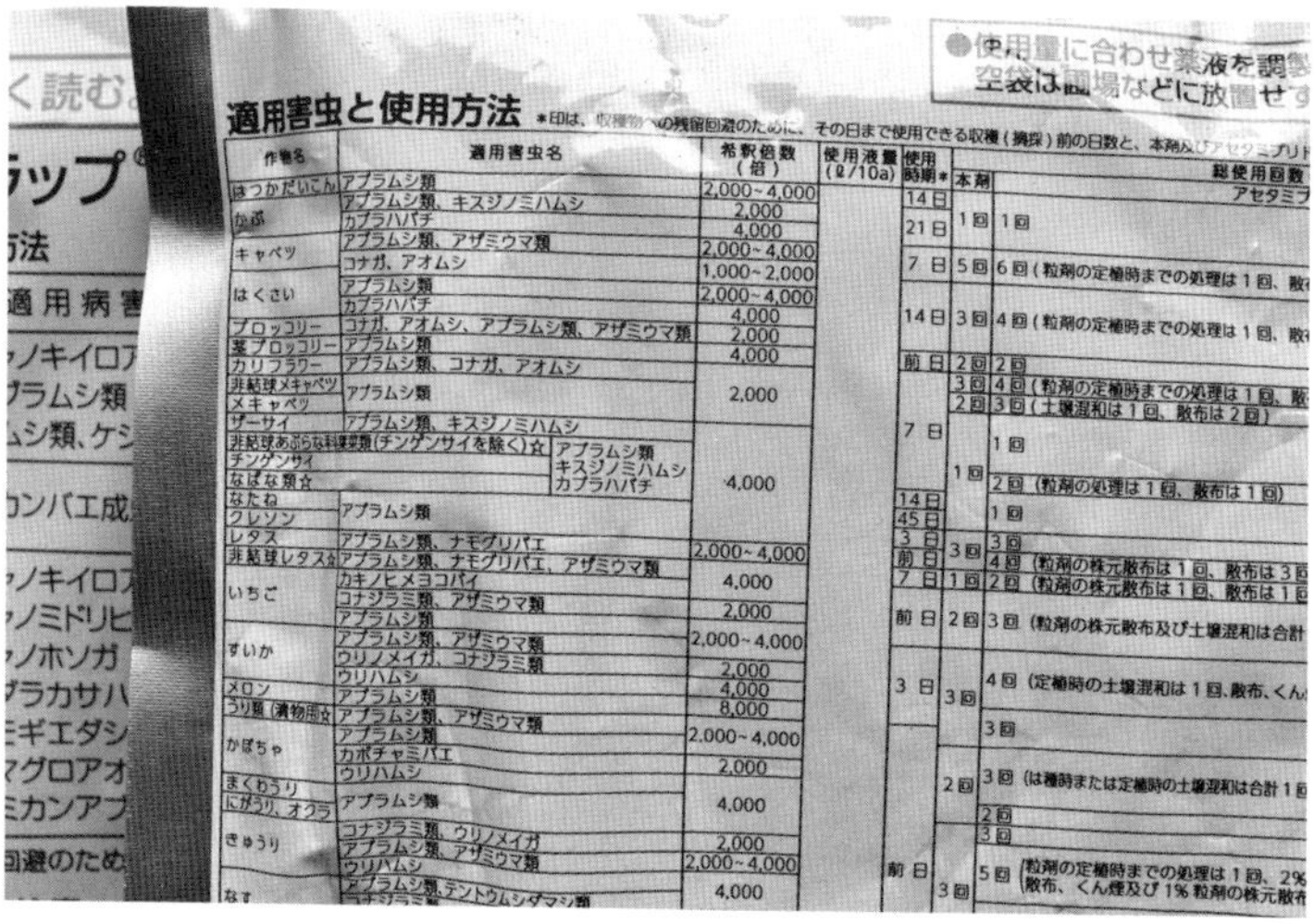

農薬のラベル表示。作物名、適用病害虫名、希釈倍率、使用できる収穫前日数、総使用回数などが記されている。日本の農薬残留基準値はＥＵ諸国などと比較して緩いものであり、これを厳守したとしても、それで「安全」が保証されるとは言い切れない
柳原一徳撮影

されていることが、明らかになった。ＤＤＴやＢＨＣなどの有機塩素系の農薬は残留性が強く、染色体異常や慢性中毒の懸念もあり、一九七一年一二月に販売禁止となった（『農薬毒性の事典　第3版』）。

残留農薬に対する不安は、元々消費者側からの異議申し立てが契機となり、社会的な認知が進んだ面が強い。しかし考えてみると、日常的に農薬を撒布する農民自身が、被害にあう危険性が高いのだが、そのことについて、ほとんど誰も気にかけずに、見て見ぬふりをしてきた。

実際、第三章でも触れたパラチオンは、その強い毒性により多数の農民が撒布中の事故で亡くなっている。除草剤のパラコートによる犠牲者は、それ以上である。高い致死性のあるパラコートには、何より解毒剤がなかった。薬剤配合中に誤ってバケツ

に尻もちをつき、経皮中毒で亡くなった事例もあるほどの強い毒性があり、中毒死者が非常に多かった。なにしろ原液を、盃一杯飲んだだけで、二四時間以内に死亡するほどである。自他殺に使用されることも多く、一九八五年には年間死者が一〇二一人という、信じられない数に上っている。当事者である農民は、命の危険に晒されながら、これらの農薬を使用していたわけである。

これほどの被害があったのだから、薬害事件として大問題となっていてもおかしくないのだが、そうはならなかった。農民が、農薬で中毒になると、本人の不注意だということで、片付けられてきたからである。

このように、農薬の問題がクローズアップされるようになったのは、消費者が残留農薬への不安に、声を上げ始めたからで、けっして農民の被害に注目が集まったことがきっかけではない。ここには著しい当事者の不在があった。

こうした状況下で、一九七八年に「虫見板」を使い、「減農薬運動」を推進しはじめたのが、当時福岡県農業改良普及員だった宇根豊である。それまでの宇根は、防除暦に従って機械的な農薬撒布を、農民に助言してきた、「普通の」普及員だった。虫害が発生して減収になるのは、最も避けたい事態である。そこで責任回避もあり、防除回数を多めに指導する傾向があった。いったん防除回数を増やしてしまうと、その後は怖くて減らすことができない。

農民の側も、たくさん「消毒」すれば安心していられる。こうなると農薬依存から、抜け出すのは容易ではない。農薬頼みの農作業からは、田んぼを観察する必要性も、現場から学ぼうとする意欲も生まれてくることはない。農薬は、現場の農民から農業に対する想像力を奪ってしまっていた。

そんな宇根だったが、ある時有機農業に取り組む一人の農民から「普及員は農薬をふらせ過ぎだ」と言われてショックを受け、防除のあり方を深く考え直すようになった。農薬というものが、どれだけ農民の生き方を歪め、農業に対する考え方を狭くしてしまっているのか。なぜ農民が、こんなに大量の農薬を撒布するようになったのか。どうして農民には、農薬を使用すべきかどうかの判断基準が身につかないのか。農薬の撒布技術には、根本的な欠陥があるのではないのか、などと考えて、その対策を農民とともに見つけていった。

この運動をひっぱったのが「虫見板」である。稲につく虫を、板に落として種類や数を観察し、防除するかどうかを、農民自身が考える。これまで、普及員に言われるままに、農薬撒布をしてきたが、「虫見板」により農民自身が主体的に判断することになった。じっさいに取り組みはじめると、農薬の使用量が目に見えて少なくなっていった。

「減農薬運動」は、けっして農薬を拒否するわけではない。一気に農薬を止めてしまおうという「反農薬」の立場からすると、この運動は妥協的、修正主義的で評価しにくい。しかし、農薬を開発し、普及させてきた研究者や指導員、そして農業政策を推進させてきた当局の責任を、鋭く問い直す「運動」であったことは間違いない。

「減農薬運動」は、近代の農業技術から疎外されていた農民が、主体性を取り戻そうとする運動でもあった。最大の功績は、これまで受け身で農作業に従事してきた農民自身に、意識改革を迫ったことである。それもけっして上意下達でなく、農民の立場で提案した取り組みであったところが斬新である。当事者自らが、自分の目で田んぼを観察して、主体的に農業に取り組むことに繋がる運動であったことが、画期的であった。

瀬戸口明久の『害虫の誕生』は、日本が近代国家を形成する、明治期以降の時代を、「害虫」を通して論じた興味深い作品である。論点は、日本の植民地統治や戦争など多岐にわたり、たかが「害虫」などと侮るわけにはいかない。

日本における農薬の歴史についても、詳しく説明してあるので、同書を参考にしながら概観しておきたい。

日本では、元々「害虫」を徹底的に駆除するという観念は薄かった。もちろん虫害が発生し、農業生産に支障が生じることは日常的で、せっかく作った農作物が、時には全滅の憂き目をみることもあった。

だが「駆虫札」やいまも各地に残る「虫送り」などの民俗行事のように、どこか神頼み的で排除の論理を振りかざすような感覚は乏しい。多くの人が、害虫の発生を人知を超えた天災と捉えていたようである。また生物との共生を旨とする、自然観が人びとの中にはあったのかもしれない。

ところが文明開化とともに、「害虫」と「益虫」をはっきり峻別する考え方がアメリカから入り、世の中に広がるようになっていく。害虫を防除するという思想が、農業に組み込まれていくようになっていった。

明治に入り、害虫駆除のために、まず最初に行われるようになったのが、天敵導入である。アメリカ農務省が、カリフォルニア州で発生した柑橘害虫イセリアカイガラムシの駆除に、オーストラリアからベダリアテントウを導入し、劇的な成功を収めた。日本でもイセリアカイガラムシが見つかったことから、アメリカに倣いベダリアテントウを導入し、駆除に予想以上の成果を収めた。これが日本初の天敵導入プロジェクトであった。

同じく、明治期に広く普及したのが誘蛾灯であった。虫が光に集まる性質を利用して駆除する方法で、電気の普及に伴い全国に浸透した。

第一次世界大戦後、新たに始まったのが、化学殺虫剤の利用である。江戸期から、水田に鯨の油を注ぎ、イナゴを駆除する「注油駆除法」が知られていたが、これと発想に類似性のある石油乳剤が、一般化していった。

次にアメリカから種子を輸入して、除虫菊が利用されるようになった。栽培は瞬く間に広がり、昭和初期には、世界生産の九〇パーセントを占める、輸出産品となった。除虫菊といえば蚊取り線香のイメージが強いが、明治期には農業用の殺虫剤に利用された。この頃には、砒酸鉛や青酸ガス、二酸化炭素も殺虫剤として使われていた。

一九二二年に、古河電気工業が「砒酸鉛」の国産化に成功した。砒酸鉛は、猛毒砒素の化合物で、二〇世紀に最もよく使われた殺虫剤である。古河財閥は、足尾銅山から出る砒素による公害に悩んでいた。そこで、砒素を亜砒酸として回収し、それを砒酸鉛に合成し殺虫剤として売り出し、果樹や野菜の害虫駆除に普及していった。

第一次世界大戦後、備蓄米につくコクゾウムシの駆除に、燻蒸用として日本に入って来たのが、クロルピクリンである。これは第一次大戦中、毒ガスとして開発されたものである。クロルピクリンが殺虫剤として使用されるきっかけは、戦争中に軍隊内で蔓延していた発疹チフスの対策としてであった。発疹チフスは、ヨーロッパの戦争で何度も大流行してきたことから、「戦争熱」と呼ばれていた。一九〇七年、フランス・パストゥール研究所のシャルル・ニコルは、発疹チフスの病原体リケッチアが、ヒトジラミによって媒介されることを証明する。そこから、ヒトジラミの駆除対策が研究されることになった。毒ガスを殺虫剤に転用する実験が行われる中で、クロルピクリンがヒトジラミの駆除に最も高い効果を示すことがわかった。その後、貯穀害虫の駆除にも有効であることが分かり、以後広く普及していくことになった。

それまでは、二酸化炭素を倉庫内に充満させて、駆除していたが、引火性が高く非常に危険だった。一方、クロルピクリンは、毒ガス由来の割には比較的毒性が低く、引火しにくく安全性も高かった。さらに二酸化炭素よりも二八〇倍以上の殺虫力があった。一九四六年三月には、日本最初の合成農薬として、三菱化成がクロルピクリンの製造を国内で開始している。

一九五〇年代に入ると、ドイツのバイエル社から、極めて毒性の強い有機リン殺虫剤が輸入され、ニカメイチュウ対策に使用されるようになる。パラチオン（商品名ホリドール）である。

一九五二年、稲につくニカメイチュウやカメムシ、ウンカなどの防除に、パラチオンが登録され、七一年の失効まで使用されることになる。

先述したように、毒性の強いパラチオンが普及するとともに、農業者のみならず、撒布される田畑の周辺住民にも、多くの被害が発生するようになる。時代は、戦後の復興期である。食糧増産が至上命題であったから、多少の被害には目をつぶろうということだったのか。

だが、そのことにより、多くの人が重大な生命の脅威に晒されることになった。時代の要請だから仕方がなかったということで、済む話ではない。幸い生還した人たちは、自らの体験を証言することができる。だが、その背後には、無念にも命を落とした、多くの被害者がいることを忘れてはならないだろう。そうした、声なき声に耳を傾けなければ、農薬による犠牲者もけっして浮かばれることはない。

第六章　複合汚染の時代

有吉佐和子が、一九七四年一〇月から朝日新聞で連載を開始した『複合汚染』は、当時の日本社会を大きく揺さぶるセンセーションを巻き起こした。

作品の冒頭、有吉は一九七四年七月に行われた参院選の話から書き起こしている。市川房枝や紀平悌子が同選挙に出馬するのであるが、有吉はその応援演説を頼まれ、都内各所を一緒に回る。紀平の演説を紹介しながら、「これはどうも選挙演説というよりも、消費者運動みたいだな」と評している。その内容は、次のようなものであった。

「排気ガスと工場の煙で、大気が汚染されています。企業のたれ流しで海がすっかり汚れました。去年の今頃は、お魚の中のＰＣＢで世間が大騒ぎになりました。あれから一年、新聞は書かなくなりましたが、ＰＣＢがなくなったわけではありません。去年より海の汚染度はひどくなっています。それからお豆腐の中に入っているＡＦ２、これは学者たちが人体に有害であるという警告を度々発表しているにもかかわらず、厚生省は規制しようとしません。こうした食品添加物については、慢性毒性の研究が不完全なままで、市販され、カマボコや魚肉ソーセージの中に入っているのです」

一九七四年当時、私は小学校六年生であったが、この話はほぼ自分の記憶通りであり、けっして誇張ではないという印象を持つ。外に出ると、大気汚染で空は薄汚れ、食品についても、小学生が安全性に不安を感ずるような品が身の回りにあふれていた。

一九七〇年代の日本社会は、経済成長による繁栄と引き換えに、人間にとりかけがえのない自然環境を犠牲にすることで、成立していた。食生活においても、農薬や食品添加物による、人体への深刻な影響が取りざたされていた。悲しいかな、これが経済大国の実態であった。

思えば、私のような現在五〇代後半の世代は、高度経済成長に同伴するように、大きくなったという気がする。茶の間にあった白黒テレビが、カラーに移行する瞬間や、洗濯機や冷蔵庫が広く一般家庭に普及していく場面にも立ち会っている。

車社会の到来で、マイカーを駆って家族で行楽に行く姿は珍しくなくなった半面、毎年夥しい数の交通事故が発生し、犠牲者の数は鰻上りとなった。さながらその惨状は、交通戦争と形容されるようになった。経済成長の果実を存分に味わう一方で、いま述べたような住環境の破壊が深刻化していき、私たちは常に不安感と背中合わせに暮らしていたといってもよい。

そういえば子どものころには、こんなこともあった。夏休みに叔母が、私と従弟を釣りに連れて行ってくれた。何でも経験とばかりに安い釣竿を買って、阪神間のどこかの浜に行った。昔のことなので、はっきりとした場所は覚えていない。今から思うと、その辺りは、阪神工業地帯の中核をなす工場群が立ち並ぶ、関西圏でもとりわけ公害がひどい場所だったような気がする。もっと良い所はなかったものかと思うが、選んだ理由はよくわからない。おそらく駅から近かったからだろう。

ワクワクしながら歩き始めた私たちだが、海に近づくにつれ周囲からは強烈な異臭が漂ってきた。浜に到着したものの、海水は赤茶けて澱み、とてもじゃないが魚がいるような環境とは思えない。しかしせっかくだからと、従弟と私はその海に釣り糸を垂らしてみた。すると、しばらくして浮きに反応があった。恐る恐る引き上げてみたところ、ハゼが針にかかっていたのだが、その姿を一目見てギョッとした。背骨は曲がって魚体が歪み、ヒレの位置もずれている。観察しているうちに、だんだんと背筋に悪寒を感じるようになってきた。すぐさまその釣果を海に放し、私たちは早々に引き上げることにした。何とも後味の悪い一日だったことだけが、印象に残っている。

当時、日本の近海は、工場から排出される汚染物質が、大量に流入し、凄絶な状況にあった。魚介類が生息できる環境とはかけ離れていた。例えば製紙工場から排出されるパルプ廃液は、代表的な海の汚染物質である。多数の製紙工場が集積する静岡県富士市では、パルプ廃液による田子の浦のヘドロ公害が深刻であった。亜硫酸塩や硫酸塩、有機固形物がまじりあったヘドロが、海水中の酸素を奪い、硫化水素を発生させ、多くの魚介類を死に追いやった。漁業は壊滅的被害を受けた。

魚の生命を奪い、奇形を発生させる、このような海水の汚染は、食物連鎖の頂点にいる人間にとっても、当然のことながら無縁ではなかった。一九七〇年代には、絶縁油や潤滑油などに広く使われたＰＣＢによる、世界的規模の海洋汚染が深刻化していた。

ＰＣＢは、夢の工業薬品と形容されるほど、他に類例を見ない安定性を持つ物質であった。熱や薬品、そして生物によって分解されにくいという、工業的に大きな利点を持っていた。絶縁性が高いことから、電気機器を小型化することも可能になった。アメリカでは、第二次世界大戦を契機に、合成樹脂や合成ゴム、塗料などの可塑剤、油圧機器用オイルや潤滑油などとして、大量のＰＣＢが使われた。戦後になって、日本でも絶縁用や熱媒体として、使用量は急増していった。

安定した物質であると、重宝されていたわけだが、いったん自然環境中に放出されてしまうと、回収することはほぼ不可能である。いつまでも分解されずに、生態系を攪乱し続けてしまう。魚や鳥の体内に蓄積される一方、ほとんど排出されずに、死に至る個体も増える。産卵率や孵化率も低下する。死んだ卵や奇形化したヒナは目に見えて増加した。そしてPCBの生物濃縮が進み、やがて人体への悪影響が憂慮される事態となっていく。

日本におけるPCBによる具体的な健康被害は、一九六八年一〇月に西日本一帯で発生した「カネミ油症事件」が有名である。食用油の加熱脱臭工程で、熱媒体として使われたPCBが漏れて、製造していた米ぬか油に混入した。それを食べた多くの人に、吹き出物、吐き気やめまいなどの異変が生じ、日常生活に重大な支障が生ずることになった。

これに先立つ二月から三月にかけ、鶏が大量に死亡する事件が発生していた。調査の結果、カネミ倉庫が出荷したダーク油の配合された飼料を食べていたことがわかった。ところが、この後の追究がおろそかになってしまう。

ダーク油は、食用米ぬか油の製造時に副生する黒い油である。脂肪酸は多く含まれているが、人間の食品には使えず、工業用の脂肪酸原料や家畜の飼料に回されていた。製造工程における中間産物であるダーク油に問題が生じているのだから、最終製品の食用米ぬか油を出荷停止する措置が当然とられなければならなかった。ダーク油の中に、何が混入したのか、製造工程を詳細にチェックしていれば、早い段階で被害を食い止めることが出来たかもしれない。ところが何ら注意喚起すらされずに、その後半年間にわたり出荷され続けたことで、人的な被害が広範囲に拡散することになってしまう。

ある家庭では、健康のためにと、米ぬかから抽出した「カネミ油」を使いだしたところ、家族全員に得体のしれない症状が出始めた。顔、手、足、腹など、体中の皮膚のいたるところに発疹が出てきた。やがて瘤のように盛り上がり、化膿して異臭を放つようになった。さらには頭髪も抜け始めた。とても外出できるような状況ではない。子どもは学校にも行けず、親も仕事どころではなくなった。原因不明で、治療のしようもない。

また近所では、同じくカネミ油を食べた妊娠中の女性が、肌の色がどす黒い赤ちゃんを産んだ。PCBが母親の胎盤を通して胎児に移行し、色素が肌に沈着していたのであった。

皮肉なことに、「カネミ油症事件」が起こった六八年を境に、日本のPCB生産量は急増し始める。さまざまな用途で使用されたPCBは、やがて工場から大量に漏出し、河川や海に拡散していった。日本の海は、世界でも有数のPCB汚染度を示すことになる。

七二年三月には、大阪府衛生部が、母乳から多量のPCBを検出したことを発表すると、蜂の巣をつついたような大騒ぎになった。子どもに母乳を飲ませても大丈夫かと、保健所などには問い合わせが殺到した。事ここに至って、人びとは日本のPCB汚染がどれだけ深刻であるかを、思い知ったのであった。その後、PCBの食品許容基準が設定され、人びとの食品に対する不安はいったん沈静化する。

だが一九七三年五月、PCB汚染水域の魚類調査結果を、水産庁が発表すると、事態は一変する。汚染の著しい大阪湾北西部、播磨灘高砂、姫路など八水域について、はじめて漁獲規制が指示されたのである。

「魚はもう食べられない?」、「油症?水俣病?恐怖の魚」と、新聞でも大きく取り上げられると、日本中が一時パニック状態に陥り、魚屋や寿司屋は開店休業状態になった（磯野直秀『化学物質と人間』）。消費は極度に冷え込み、一般家庭の食卓からは一時魚が姿を消してしまった。同学年に家業が魚屋の友人が数名いたが、どうやって暮らしを立てるのか心配になったものである。

ちょうどそのような、誰もが環境汚染で身の危険を感じていた時代に、小説『複合汚染』は発表されたのである。今からすると、非常にタイムリーな連載の開始だったと思わざるを得ない。

どうして有吉は、『複合汚染』を書こうと思いたったのだろうか。

有吉佐和子は和歌山県の紀ノ川流域にルーツがある。一九三一年、和歌山県真砂丁に、父真次、母秋津の長女として生まれた。一高、東京帝国大学と進み横浜正金銀行に勤務していた真次は、三〇年当時は上海に勤務していた。だが、ニューヨーク勤務の辞令を受けて、妊娠中の秋津は、実家のある和歌山に帰り有吉を出産する。

三五年に、真次が東京勤務となり、一家は東京で暮らし始めるが、三七年にはジャワのバタビア（ジャカルタ）に転勤となり、有吉たちも共に移住した。

二年後の三九年、有吉が八歳のときに、一時帰国し和歌山にある秋津の実家で暮らし始めた。この時にみた、紀ノ川の青く美しい清流に、有吉は目を見張った。しばらく暮らしたインドネシアでは、川といえば茶色く濁っているのが普通だったから、余計に鮮烈なイメージを抱いたようである。

彼女が『紀ノ川』をはじめ、『有田川』、『日高川』など、和歌山の川を好んで小説のモチーフに使ったのも、幼少期のそうした体験が、色濃く反映されているからかもしれない。思えば『複合汚染』も、紀ノ川を上流に遡り、奈良県側に入って吉野川と名称が変わるあたりの、大和五條が主要な舞台のひとつである。ここからは、『華岡青洲の妻』ゆかりの紀州国那賀郡（現和歌山県紀の川市）が指呼の間にある。

またそれら川とともに、有吉が書いた作品の主人公には、自分の仕事に命を燃やし、人生を全うする女性を描いたものが多い。たとえば『有田川』では、主人公の千代が有田川の水害に人生を翻弄されながらも、蜜柑農家の女衆として働き、やがて栽培を覚えて身を立てていく様を細やかに描写する。

主人公の千代には、モデルがいる。作中にあるような、蜜柑農家ではない。有田市から北に約一〇キロメートル行くと、名勝和歌ノ浦があるが、近くの高津子山《たかつしやま》（章魚頭姿山《たこずしやま》）に張り付くように旅館街が形成されたのが、新和歌浦であった。和歌浦湾の絶景が一望でき、かつては都会から近い景勝地として、高い人気を誇った。

なかでも「岡徳楼」は、名旅館として知られ、多くの著名人が宿泊したが、有吉佐和子もここを定宿とする一人であった。実は、この宿の名物女将岡本やすえが、小説『有田川』のモデルだった。もちろん岡本が、小説のように、明治期の水害で有田川上流から、桐簞笥の中に絹にくるまれた状態で流れ着いた、乳呑み児だったわけではない。こうした境遇は、あくまで創作なのだが、やり手で知られた岡徳楼の女将の姿に、有吉は『有田川』の主人公千代を重ねたようである。

一九六二年の『有田川』執筆時に有吉は、約一ヶ月間もの長逗留をし、有田川周辺を綿密に取材している。当時、「岡徳楼」で運転手をしていた保井栄仁《えいみ》（一九三五年生）によると、滞在中の有吉から「有田川近くを車で走ってほしい」と頼まれ、あてもなく川沿いを走り回ったことがあるという。有田川の景色を、脳裏に焼き付けて、作品に生かそうとしたのかもしれない。

『大島郡のミカンのあゆみ』(山口県橘農業改良普及所、1978年)より。「昭和5〜6年から始まった青酸ガス燻蒸」との写真説明が付されている。多大な危険を伴う作業で、退避失敗による死亡事故も発生した

作品中、みかんの害虫駆除に、かつて青酸カリを使ったガス燻蒸が行われていたことにも触れている。それだけ昔から虫害に悩まされていたことの証左なのだが、登場人物の一人が猛毒のガスを吸い、事故死してしまう。人が口にする農作物に、こうした毒物が使われていたことを取材を通して知り、有吉は少なからぬ衝撃を受けたのではないか。

青酸化合物は古くから猛毒と知られているが、殺虫剤として利用されたのは一八八〇年代の米カリフォルニアが最初であった。柑橘類が、イセリアカイガラムシの大被害を受けたことがきっかけだった。日本でも一九一一年に、イセリアカイガラムシが発見されたことをきっかけに、静岡県の柑橘農家で青酸ガス燻蒸が行われるようになった。『有田川』における燻蒸の話は、和歌山県でも早い時期に青酸ガスの使用が始まっていたことを示している。

こうして『有田川』は、雑誌『日本』に、一九六三年一月号から一二月号まで連載され、その後単行本化されている。

有吉が一九五九年に書いた小説『紀ノ川』は、母方の祖母ミヨノや母秋津、そして自分自身を含む女たちの話を下敷きにして、明治、大正、昭和を生きた旧家の女性を描いた作品である。

ミヨノは、一九五五年に脳溢血で倒れていたが、病床でしきりに話をしたがった。その元を訪ねた有吉は、祖母が愛読していた『増鏡』を読み聞かせたりしながら、昔の思い出話を詳しく教えてもらった。これを契機に、和歌山の地で生きた女三代の姿を小説にすることを決意し、『紀ノ川』の執筆をはじめたのだった。

母方の実家木本家は大地主で、佐和子の祖父にあたる木本主一郎は政友会の代議士であった。戦後の農地改革ですべての土地を手放した。

農地改革以前は、非常に豪勢な暮らしをしていたという。

わたしの母の娘時代のぜいたく、祖父母のしていたぜいたくは戦前のほんとのぜいたくでしたから、あの富裕な生活は、今、大財閥といわれる方たちの生活でもどうかなと思う。

（有吉佐和子『複合汚染その後』）

こう有吉が語るように、まるで王侯貴族のような生活だったようである。それが農地改革を境にすべて無くなり、「うちの一族は貧乏になった」という。みな都会に出て教育を受け、土地からの収入に頼らずに暮らす手立ては持っていた。しかしすべての土地を失い、地代収入が途絶えて以降、ダメージは想像以上に大きかった。

有吉の祖父木本主一郎は、関西の政友会で農政を専門にしていた。農協の原型にあたる組織を作った一人であったことからも、地主は小作人を搾取するだけの存在でなく、むしろ農民の味方だという気持ちを、有吉は強く持っていた。

繰り返しになるが、敗戦後農地解放が行われたときに、小作人の土地所有は当然であるとして、木本家はいさぎよく土地を手放し、甘んじて貧乏になろうと決意した。それを境に小作人は自作農になって、みな当然幸せになっているとばかりに、有吉は思い込んでいた。ところがどうもそうではなかった。『複合汚染』を書くために、農村を回り始めた時に、農民がむしろ不幸になっているのをみて、複雑な思いを抱いた。

じゃあなぜ私の家族は誰のために土地を手放し、誰のために貧乏になったのか。誰に向って責任の所在を追及すればいいのかみたいな気持がありまして、それが『複合汚染』の中でかなり農業に傾いていった私の個人的な理由でもあったんです。

(有吉、同上書)

『複合汚染』の執筆には、こうした潜在的な思いが動機として作用していたようである。しかしこんな熱意を背景に、同作を満を持して書いたのかと思いきや、当初朝日新聞に執筆を予定していたのは、意外なことに別のテーマだったという証言がある。

有吉の親友丸川賀世子によると、連載を翌年に控えた一九七三年の段階で、市川房枝を主人公に、「生きている女性史」というタイトルで書くと、朝日新聞学芸部に告げていたらしい。とりわけ市川や平塚らいてう達が新婦人協会で展開した、女性の政治参加を禁ずる治安警察法第五条の撤廃請願運動に、有吉は強い興味を持っていた（丸川賀世子『有吉佐和子とわたし』）。ここからは、食品公害に関する問題意識はあまりうかがえない。

ところが翌年になって、突然市川房枝が参院選に立候補することになり、先のテーマで新聞連載することは、公選法の絡みからも難しくなった。しかし自ら選挙戦を応援するなかで、食の安全について語る紀平悌子の演説を聞き、大いに触発されるところがあった。この出来事が『複合汚染』執筆に繋がっていく。転んでも、ただでは起きぬところが、才女の才女たる所以である。

何事にも非常に凝り性だったようで、当時は一人娘の玉青と一緒に、自宅の庭で無農薬野菜の栽培にも取り組んだ。

それにしても驚くのは、突然の方向転換であったにもかかわらず、八ヶ月半の新聞連載を瑕疵なくやり遂げるのだから、その集中力とエネルギーは常人の域を超えたものだと思わずにはいられない。

元々有吉は環境問題について、尋常ならざる興味を抱いていたようである。『複合汚染』を新聞に連載する一三年前から、公害を主題とする小説を構想し、多数の資料を集めていたと同作中でも記している。

『複合汚染』のあとがきには「この仕事で、私は実に多くの方々のお力添えを頂きました。約十年前から読んだ書物の数は三百冊を越えていますし、お目にかかった専門家もこの十年を考えると何十人になります」とあるが、これが先の「公害」小説構想と重なっているのだろう。

当時話題をさらった、レイチェル・カーソンの『沈黙の春』も当然読んでいた。環境汚染で人類の未来が危機にさらされているとする警世の書に強い衝撃を受け、多分にその影響も受けている。

突然、連載テーマを変更したように見えるが、じつは決して場当たり的に『複合汚染』を書き始めたのではなかった。おそらく「公害」小説を構想する延長上に、『複合汚染』は成立している。両者の問題意識は、あくまで共通するものであったに違いない。

有吉は、極度に悪化していく日本の生活環境に、強烈な危機感を持っていた。敗戦後、日本人は取りつかれたように、経済成長路線をひた走り、戦後復興を成し遂げた。だが経済成長の背後では、さまざまな社会問題が噴出するようになった。

とりわけ東京や大阪などの大都市圏は、急速な人口増により壮絶な状況にあった。都市は過密化する一方で、住環境の改善は追いつかない。都市はゴミ問題でパンク寸前である。朝夕の殺人的なラッシュや交通渋滞は、人びとから気力体力を奪い取る。

いわゆる外地からの引揚者や復員軍人は、一〇〇〇万人に上ったといわれる。さながら民族大移動である。農村からは都市部に向け、人びとが大量に移動し、集積する産業の担い手となっていった。

交通事故の多発で、一九七〇年の死亡者数は、過去最悪の一万六七六五人（二〇一九年は三二一五人）に達し、もはや街頭は「交通戦争」と呼ばれる戦時下の様相を呈した。

一九七〇年の七月には、東京都杉並区の高校で、運動をしていた生徒たちが、目の痛みや吐き気などを訴えて倒れた。光化学スモッグが原因であった。窒素酸化物と炭化水素が紫外線で光化学反応を起こし、オキシダントという有害物質を発生させたことによるものだった。車の排気ガスがどれだけ毒物を大量に含んでいても、効果的な対策はほとんどとられない。全く政治の貧困と言わざるを得ない状況が、日夜繰り広げられていたのだった。

幼い一人娘の玉青や母秋津とともに、東京で暮らす有吉にとって、日々悪化する都市環境を眼前にしながら、強い憤りを感じていたとしても、無理のないことであっただろう。

空前の好況下、日本万国博覧会(大阪万博)が開催された一九七〇年頃は、多くの日本人は経済成長に伴う、様々な矛盾を目の当たりにしながらも、輝ける未来を信じていた。万博の統一テーマは「人類の進歩と調和」であった。しかし、すでにその足元では、「進歩と調和」に綻びが見えていた。当時の日本で、「公害」いう言葉を耳にしない日は無かったといってよい。

戦前の日本における公害としては、足尾銅山の鉱毒事件に代表されるように、鉱工業が環境汚染を引き起こし、周辺の農林漁業に局地的な経済被害を及ぼす形が典型であった。ところが戦後になると、公害の特徴は大きく変わることになった(宮本憲一『戦後日本公害史論』)。

水俣病やイタイイタイ病のように、地域住民に対する甚大な健康被害を広範囲に引き起こし、大量の死者や患者を発生させる事件が、多発するようになった。原因物質を排出する企業に倫理観が欠如していたことは当然だが、環境規制もせず企業公害を野放しにしながら、被害者の救済を怠った国の責任は重大であった。

「水俣病」は、熊本県水俣市の化学会社チッソ(一九〇八年日本窒素肥料株式会社、一九五〇年に新日本窒素肥料株式会社を設立、一九六五年チッソに社名変更)が、引き起こした水銀中毒事件であり、世界でも類例をみない極めて悪質な企業公害である。日本における「公害」の原点ともいわれ、世界的にも極めて有名な公害事件である。この経緯を辿ると、政官財の複合体が、経済至上主義のために、いかに平気で人命をないがしろにしてきたかが浮き彫りになってくる。昭和という時代の、暗部が露になるようで、その醜悪な姿はおぞましいとしか言いようがない。

水俣は、チッソが「殿様」のように君臨する、企業城下町であった。もともとは一九〇六年に、野口遵という技術者が、鹿児島県大口に作った水力発電所（曾木電気を設立）がチッソの出発点である。近くの大口金山や牛尾金山に電力を送るためのものであったが、その余剰電力を利用して、水俣にカーバイド工場を作った。のちに野口コンツェルン、日窒コンツェルンといわれる、主力工場のスタートであった。

水俣村は、この工場を誘致するために、土地、用水、港湾などを無償で提供し、電柱や電線をひく費用も地元で負担したのだが、これは高度経済成長期に各地で繰り広げられた、工場誘致の原型となった。

水俣湾の対岸にある天草諸島で産する石灰石を焼成して酸化カルシウムをつくり、そこにコークスを加えてさらに電気炉でたくとカーバイドができる。しかしながら、これだけの優遇を受けたにもかかわらず、カーバイドはあまり売れなかった。

カーバイドを窒素の中で焼くと石灰窒素となるが、ここに高温の水蒸気をかけてアンモニアにしたところに、硫酸を反応させると肥料の硫安ができる。チッソはこうした石灰窒素や変成硫安など、化学肥料にも進出するが、経営不振はなおも続いた。

しかし第一次世界大戦による好景気が、工場への追い風となる。野口は、イタリアからガザレー法によるアンモニア合成の技術を導入し、日本初の合成肥料生産に成功する。その過程における技術の蓄積により、以後次々と新しい化学合成品の生産に進出していく。ちなみに、この技術は、橋本彦七という技術者により確立した。橋本は、のちに水俣病が明らかになったときの水俣市長である。

一九三二年、今度はカーバイドを原料にアセチレンを作り、水銀触媒を使ってアセトアルデヒドに変え、これを酸化させて合成酢酸を作った。

一九四〇年頃から、同じく水銀触媒による塩化ビニールの生産を開始した。どちらも日本で最初の工業化であった。こうしてチッソは、可塑剤のアルデヒドや酢酸、塩化ビニールなどを作る、有機合成化学の有力企業となった。

同時にチッソは、日本の植民地政策にも深く関わることになる。日本のアジア侵略に随伴するように、朝鮮や満州に進出した。朝鮮では、赴戦江を堰き止めて、大隧道を開削し、水力発電所や従業員四万五〇〇〇人を数える興南コンビナートを建設した。また長津江ダムなどのダムや、化学工場を次々建設するなど、戦前の日本を代表する巨大な化学資本となった。

アジア・太平洋戦争の敗戦により、チッソは植民地における資産をすべて失い、多くの労働者とともに水俣に引き揚げてくる。水俣工場も戦争で被災していたが、これまでに積み上げた先進的な技術を梃子に、戦後復興を急速に成し遂げていった。

だがチッソ内に蔓延する行き過ぎた経済至上主義が、やがて世界でもまれにみる重大な企業犯罪を引き起こすことに繋がっていく。有毒な廃棄物をまき散らし、日本最高濃度の大気汚染や水汚染を発生させても、何の痛みも感じない。チッソの会社人間たちは、人としての感情さえも失ってしまっていたようである。

工場内では、労働災害や職業病が頻発していた。よほどの鉄面皮なのか、人命を軽視する姿勢だけは、工場の内外を問わず、徹頭徹尾一貫していた。

一九五〇年代、チッソはアセトアルデヒドのトップ企業であった。こうした成功は、自社製品による市場の独占を可能にし、水俣工場の高い稼働率に結びついた。だが同時に、生産に使われた水銀も、大量に無処理のまま排水として海に捨てられたのであった。

チッソはカーバイド滓と、アセトアルデヒドの製造過程で副生した有機水銀そして無機水銀などを含む排水を、一九三二年から六八年まで不知火海に排出し続けた。ここに含まれていたメチル水銀は、八一トンという膨大な量に達するといわれる。誠に信じがたい数字である。

海底に堆積した無機水銀は有機水銀に転化し、魚介類がこれを直接吸収することにより体内で高濃度に濃縮された。そうした魚介類を日常的に食べた多数の住民に、重篤な中枢神経疾患を発症させた。これまで六万人を超える患者が出ているが、被害の全貌はわかっていない。

一九五〇年頃から、水俣の漁獲量は激減した。そして魚介類、鳥類、猫に水銀中毒が現れだした。魚は海面に浮かび、手で拾えるようになった。海藻は浮きたち、全く育たない。通常年に三度は舟底を焼かなければ、虫がついて舟底が腐ってくるのに、チッソの排水口近くに舟をつなぐと、全く舟虫がつかなくなった。貝類は腐り、腐敗臭が辺り一面に漂う。カラスは、空から落下する。

五四年頃になると、魚のみならず、猫や豚、水鳥、イタチなどの狂死が確認され始める。水俣湾周辺では、猫の異常をネコ踊り病といって、皆が気味悪がった。やがて、水俣地区の飼い猫はことごとく狂死し、全滅してしまった。

一九五六年四月、水俣市の幼い姉妹が、相次いで体調に異変を生じ、チッソ水俣工場付属病院に運びこまれてきた。前日まで、何事もなく暮らしていたのに、朝起きると突然目がトロンとし、茶碗も持てず、歩くこともできなくなったのである。同年五月一日、同病院の細川一院長は保健所に「原因不明の中枢神経疾患が発生した」と報告したことから、この日が水俣病患者公式発見の日ということになった。熊本県衛生部や水産課は、食品衛生法で漁獲禁止をしたいと厚生省に求めるものの却下され、あくまで漁民個人の判断に任せることとなった。

一九五八年九月、なにを血迷ったのかチッソは、排水を水俣川河口に流し始めたことから、被害は不知火海全域に広がることになってしまった。まるで人体実験を行ったようなものである。

水俣病は、当初「奇病」といわれて、その原因究明は難航した。会社側に立つ学者らは、アミン中毒説、爆弾説など真相を攪乱するためだけの、根拠薄弱な説を発表するが、全く説得力に欠けていた。

一方、熊本大学医学部は、工場から排出される物質に原因があるとして、魚類の体内に蓄積された物質を調べ始めるが、チッソがすべての廃棄物を無処理で海に捨てていたために、いったい何が原因物質なのか見当がつかないほどであった。マンガン説、セレン説、タリウム説など、二転三転した挙句、ついに奇病の原因を解明する。

一九五九年七月、熊本大学研究班は、工場排水口から湾内にかけての泥土に、大量の水銀を検出したことを受け、水俣病の原因は有機水銀であると発表する。

この年の一〇月には、チッソ病院の細川一院長は、工場排水を猫の食餌に混ぜる実験を行い、水俣病の発生を確認している（ネコ400号実験）。しかし報告を受けた工場長は、その事実を隠蔽して、以後の実験継続を認めなかった。

同年一一月、熊本大研究班の発表に基づき、厚生省食品衛生調査会は、水俣病は有機水銀化合物が原因であると断定した。厚生省公衆衛生局長と水産庁長官は、通産省軽工業局に対して、工場排水に適切な措置を要請するが、水俣病の原因がチッソの排水であることを認めず、根本的対策を否定した。

工場排水による被害が明白になったにもかかわらず、チッソは一切の責任を認めず、国も漁獲中止やチッソの排水規制もせずに、時だけが過ぎていく。

戦後、廉価な火力発電や石油化学が生まれると、チッソのような電気化学によるアセトアルデヒドの生産方式は急速に競争力を失いはじめていた。一九五九年頃から、会社はいち早く機械の償却を進めるために、増産を推進しながら、さらなるメチル水銀化合物を大量に排出し続けた。誠に許しがたい企業犯罪と言わざるを得ない。

また、国による一連の無責任なチッソ擁護策が、結果的に一九六四年に明らかになる新潟水俣病を、再び発生されることに繋がった。水俣病の原因が、すでに明らかになっているにもかかわらず、チッソと同じアセトアルデヒドの製造工程をもつ、昭和電工鹿瀬工場は、行政による停止命令が出されるどころか、何の対策を講じられることもなく、廃水を放出し続けていた。国や会社側の不作為により、二度目の水俣病を未然に防ぐことが出来なかったのである。

国が熊本水俣病、新潟水俣病ともに、工場の排水が原因であることを、正式に認めたのは、一九六八年九月のことであった。水俣病の公式発見から、すでに一二年が経過していた。

有吉は、こうした水俣病の経過を見守りながら、自分が温めていた公害小説の構想が、次第に色褪せるのを感じていた。さらに石牟礼道子の『苦海浄土』が出るに及んで、公害を小説という虚構で捉えることはできないことを思い知ったのであった。

そこから有吉は『複合汚染』で、ノンフィクションの手法を使い、公害などの環境問題に切り込んでいくという、新たなスタイルを取り入れた。ストーリーテラーと呼ばれた小説の書き手が、これまでとはまるで違う、斬新な手法を使ったのだった。

高度経済成長期には、水俣病とともに、新潟水俣病、イタイイタイ病、四日市公害など、地域住民に深刻な健康被害をもたらす犯罪的な企業公害が相次いで明るみに出た。多数の死者が発生し、その遺族や回復困難な身体的苦痛を抱えた被害者たちが、企業の責任を明確にするために、一九六〇年代後半に相次いで提訴したことから、これらを総称して「四大公害裁判」と呼んでいる。

「新潟水俣病」は、一九六五年に新潟大学の椿忠雄教授らにより確認された。アセトアルデヒドを生産する昭和電工鹿瀬工場から、阿賀野川に排出されたメチル水銀化合物が原因で、流域の住民に水俣病と酷似した患者が多数発生した。

「イタイイタイ病」は、一九四六年に荻野昇医師が、神通川流域の富山県婦中町（現富山市）で、「業病」の解明に乗り出したことがきっかけで明らかになった。岐阜県の三井金属神岡事業所から放出されたカドミウムによって、神通川下流の扇状地に暮らす、主に三五才以上の経産婦が発症した。神経痛のような症状だが、全身に針を突き刺したような激痛が走り、呼吸するのにも困難が生じる壮絶さだった。

「四日市公害」は、一九五九年に三重県四日市市塩浜で操業開始した、石油化学工業基地四日市コンビナートから排出される悪臭や煤煙により、周辺住民に重度の気管支ぜんそくなどの疾患を発症させた。

三大都市圏、四大工業地帯では、人口や工場が集中していくことにより、住民全体に広範囲に健康被害が拡散していった。急速な都市化の進展に伴い、近接する重化学工業の工場群から排出される亜硫酸ガスや煤塵、工業排水さらに車の排ガスなどにより、都市住民は大気や水の汚染、騒音や振動などさまざまな被害に晒され、住環境は極度に悪化していくことになった。

会社中心に世の中が回り、経済成長だけが社会の目標であるかのように、多くの日本人は思い定めているようだった。左を見ても、右を見ても会社人間ばかりである。早朝から深夜まで、脇目も振らず一心不乱に会社に尽くし、その挙句少なからぬ企業戦士が過労で息絶えた。壮絶な戦死である。

一九六〇年から、一九七五年頃までの高度経済成長は、日本を世界有数の経済大国に押し上げた。一方で、人びとの幸福度はどれだけ向上しただろうか。

戦後の経済成長は、社会に大きな歪みをもたらした。水俣病やイタイイタイ病などの公害事件は、日本社会の病理を白日の下に晒したわけだが、果たして日本人はこうした教訓を、以後の社会づくりに生かしてきたといえるのだろうか。

環境汚染は、大気や水だけにとどまらない。私たちが日常的に口にする食べものに関しても、生命活動を脅かす事態が進行していた。

第七章 食品添加物に対する不安

世界文化遺産である京都の上賀茂神社は、私が訪れたその日もたくさんの観光客で賑わっていた。大きな鳥居の前に、「すぐきや六郎兵衛」という漬物屋が店を構えている。伝統を感じさせる、落ち着いた店構えであるが、とりたてて人目を引くわけではない。古都の歴史的な風景に、自然体で溶け込んでいる姿が心地よく感じられる。

実は、この漬物屋が、有吉佐和子の『複合汚染』に出てくる〝本物のしば漬〟を作っている店なのである。作中、有吉は「すぐきや六郎兵衛」のしば漬について、次のように書いている。

本物のしば漬なるものは、私のような若いものには、とてもしば漬と思えないほど色が赤くなくて、茄子も胡瓜も見たところぺちゃっと押し潰れていた。あんまり美しい感じではなかったし、一口味わってみても歯ごたえがない。

市販のしば漬は、「パリパリ、シャリシャリ」とした歯触りがあるのに、ずいぶん違うと不満げである。そこで有吉は、どうして「パリパリ、シャリシャリ」といわないのか、店の主に直接確かめてみることにした。

店の奥から出てきた福相の主人は、「それはまあ、私とこは塩しか使うてない漬物屋やからですわ」と答えた。

塩は天然の防腐剤である。簡単に言うと、漬物というのは、塩や乳酸菌による防腐作用を利用した保存食品である。品質の良い漬物は、食味のみならず、菜っ葉の緑や茄子の紫など、野菜本来の自然色を鮮やかに生かした、見た目にも食欲をそそる食べ物であった。そこに職人技の見せ所があったはずである。

だが野菜に塩をして石で押すと、当然ながら水分が出て、漬物の目方が軽くなってしまう。漬物は目方で売る商売だから、軽くなると損だと考える業者は、そこに水を加えてふやかせ、増量しようとするようになる。しかし、そんなことをすると、せっかくの保存性が落ち、保存食であるはずの漬物が腐りやすくなってしまう。もちろん味も悪くなる。そこで、防腐剤やうま味調味料などを入れて、消費者をごまかす必要が生じることになってしまう。

二百数十年の歴史を持つ「すぐきや六郎兵衛」は、もともと卸売りを専門とする漬物屋だった。東京や九州など、全国各地に卸していた。小売りに転じたのは、戦後になってからである。そのきっかけは、一九五二年頃から、急に「色が悪い」とか「傷みやすい」といった苦情とともに、返品が増え始めたことだった。

ある時、東京の業者から、紫色の粉を渡され、「紫のしば漬」を作れと言われて、驚いてしまった。「なにが悲しゅて京都の漬物屋が東京の人間から漬物の指図されなりませんね」と、主人は有吉にぼやいた。

一応、どうやって紫の粉を買えるのか、業者に訊ねてみた。すると、「薬局へハンコ持って行って買え」と言われたので、主人はさらに驚いて聞き返してしまった。

「薬局へ？　ハンコ持ってですか？　ひゃアー　ハンコ持たんと買えんもんちゅうたら毒と違い

ますかいな。私、そんな毒入れた漬物ら、よう作りませんわ。それで私とこの漬物は、防腐剤入れてないから腐る言うて返される。菜の花漬けも色悪いというて返される始末です。戦争前は、誰も何も言わんで、これが京都の漬物やと思うていたんです。塩だけしか使うてません」
（『複合汚染』）

戦後の復興途上であった当時は、食糧不足が常態化し、様々な物資が満足に手に入らない時代であった。ホンモノとは、似ても似つかぬ粗悪な食品が出回るものの、混乱期にはそれが平気で通用してしまう。

漬物業界にも、合成着色料をはじめ、砂糖の代用品にサッカリンやズルチン等の合成甘味料が入り込むなど、食品添加物が加工の現場に浸透し、やがて定着していくことになっていった。

昔の漬物は、塩だけしか使っていなかったから、どちらかと言えば、見た目は地味で、ぺちゃっとした歯ざわりであった。だから「シャリシャリパリパリ」と生野菜のような歯触りの良い漬物は、浅漬けを除けば非常に稀で、不自然であるとも言えた。

「シャリシャリパリパリ」の漬物を作るためには、食品添加物を多用する必要がある。じっさい、スーパーでみる漬物の原材料表示には、たくさんの添加物が含まれている。最初は、業者側の都合であったものが、次第に消費者の漬物に対する常識や嗜好を変えていったようにも見える。

現在、「すぐきや六郎兵衛」の主は、息子の岡田孝司（一九五一年生まれ）に代替わりしている。父六郎兵衛と同様「福相」で、笑みを絶やさず、丁寧に応対してくれる。先代から受け継いだ製法を守り、塩以外は何も使わない。三百六十五日、年中無休で商売をしている。

有吉佐和子が『複合汚染』を執筆していたころ、京都に来るといつも木屋町の旅館に投宿していた。「漬物を持ってきて」と頼まれて、岡田はそこによく届けた。

有吉が『複合汚染』のなかで、〝本物のしば漬〟について書いた箇所は、分量にして一二ページほどに過ぎない。そこに「シャリシャリパリパリ」と「ペチャンクチャン」のしば漬に何が含まれているか、成分分析をしてもらおうと、学者の元を訪ねる場面が出てくる。何気ない一節であるが、この際有吉は京都中のしば漬を買い集め、研究室に持ち込んだという逸話が残っている。それほど徹底した取材をしていたことに、驚きを禁じ得ない。

時間や手間をかけずに、即席でそれらしい商品を作ることを覚えてしまうと、業者はそこから抜け出せなくなってしまう。それとともに職人のプライドも喪失し、商品に対する愛着も消え失せる。

もしかすると、自分の商品を、家族には食べさせないようにしているかもしれない。良からぬ添加物が入っていることは、作っている本人が最もよくわかっているからである。そんな調子で、商売に対する誇りを持つことが、果たして出来るのだろうか。

この頃、市販の漬物は、美味くないから買わないという話をよく聞く。近年、いわゆる日本の漬物は消費が頭打ちとなり、店頭ではキムチの人気に押され気味であるという。

もちろんキムチも千差万別であるから、品質云々で単純に比較はできない。しかし日本の漬物が、先細りになっている事実をどう捉えたらよいのだろうか。塩分過多の漬物を控えようとする、消費者の健康志向が背景にあることも無視できないが、それだけが理由だとはとても思えない。

おそらく私は、漬物業界が長年続けてきた悪弊、つまり添加物頼みの製法が、消費者から見放されつつあるのではないか、という気がしてならない。業界の体質が、結果的に消費者の漬物離れを助長しているのではないのだろうか。

同様の傾向が見られるのが、日本酒である。戦後、広まった三倍増醸法でつくった粗悪な酒が、長く業界の主流を占め続けた。三倍増醸酒とは、清酒に希釈したアルコールや酸味料、化学調味料などを加えて、目方を三倍に増やした酒である。こういう酒が、日本酒として流通し続けたことで、その後深刻な日本酒離れにつながっていった。最近になって、本格的な吟醸酒ブームもあり、日本酒の人気が回復しつつあるとも聞くが、いったん離れた客は容易には戻らない。漬物にしろ日本酒にしろ、悪貨が良貨を駆逐した典型例ではないだろうか。こうした商品を作り続けてきた業者の姿勢は、今一度問い直されなければならない。

添加物による安易な商売の潮流に飲まれた業者が多い中、「すぐきや六郎兵衛」の主人は、毒を売って商売をしたくないと、卸売りの店を畳んで、上賀茂神社の境内に移り、細々と小売で商売をやっていくことを選んだ。

名前の通り、この店の売り物はスグキの漬物である。スグキ菜は、古くから上賀茂一帯で栽培されてきたカブラの一種で、江戸末期ごろには近郊の農家にも広がったものの、他所への持ち出しは一切禁じられていた。

このスグキを塩に漬け、保温した室《むろ》のなかで乳酸発酵させたものが、スグキ漬である。元は、炭や練炭の火力で温めていたが、一九六〇年に岡田六郎兵衛は電気室《むろ》を開発し、温度のむらをなくすこと

毒を売って商売したくない。すぐきや六郎兵衛の先代は、そう言って卸売りの店を畳んだ。そして、上賀茂神社の境内で、細々と小売りを続けていくことを選んだ。1955年のことだった

に成功し、よりよい商品を作ることが出来るようになった。

　また一九九三年には、㈶ルイ・パストゥール医学研究センターの岸田綱太郎博士が、「すぐきや六郎兵衛」のスグキ漬から、乳酸菌の一種であるラブレ菌の分離に成功している。ラブレ菌は、腸の働きを活発にし、人体の免疫力を向上させる働きがあるとされる。

　長い歴史を持つ「すぐきや六郎兵衛」の作業場には、多様な乳酸菌が息づき、スグキ漬やしば漬を育んでいる。そうした環境は、一朝一夕に生まれるものではない。漬物を作るのに適した、良好な細菌叢が形成されるまでには、長い年月を要する。

　またしば漬も同様に、上賀茂近郊でとれる加茂茄子や茗荷、シソなどを刻んで

塩漬けにし、乳酸発酵させた漬物である。どちらも、塩と乳酸発酵による、保存食なのである。ところが、スーパーで見かける大量生産のしば漬は、面倒な乳酸発酵の過程を省き、調味液に浸しているだけである。だから風味や触感はまるで異なり、いわば似て非なる食品と化している。

塩だけで作った漬物が売れなくなりはじめた一九五二年頃は、主だった食品添加物がほぼ出揃う時期である。その点からも、漬物屋が防腐剤や着色料の使用に傾斜し始める傾向と符合する。

紀平悌子の演説にあったAF2も含めて、ここで他の食品添加物についても触れておかなければならない。食品添加物は、健康によくないから不要なのか、それとも現代の食品加工にとって必要不可欠なのか。一九七〇年代の日本社会では、食品添加物を巡る数多くの論争があった。

食べものの中に、食品添加物が含まれると聞くと、私たちはあまり良い気がしない。多くの人が、食品添加物に対して、ネガティブな感情を持っている。できれば避けたいという人が、おそらく多数に上るのではないか。

だが食品の生産や流通において、食品添加物は少なからぬ貢献をしている。やや過大に評価するなら、私たちの食生活を支える存在だということになる。できれば添加物を使わない方が、好ましいのはいうまでもない。ところが、複雑な流通過程を経て、消費者の元へ安全に食品を届けるためには、保存料など一定の添加物を使用することが、避けられない現実がある。

食品衛生法第四条では、「食品の製造の過程において又は食品の加工若しくは保存の目的で、食品に添加、混和、湿潤その他の方法によって使用する物をいう」と、食品添加物について規定している。基準を満たして、厚生労働省により認められているのだから、一応安全性にお墨付きが与えられていると考えられなくもない。だが国により認められた食品添加物であっても、後から発がん性が明らかになり、使用禁止になるケースがある。殺菌料のＡＦ２はもとより、甘味料のチクロなど、これまでに六〇種類以上もの添加物が、安全性に問題があることがわかり、使用禁止となっている。そうしたところからも、食品を選ぶ際には、無条件に食品添加物を受け入れるのではなく、常に警戒を怠らずに、監視していくことが重要である。消費者の側には、食品を見極める眼力が要求されることになる。

例えば本来腐りやすい種類の食品が、酸化防止剤を加えることで、賞味期限が伸びる利点がある。もちろんそうした点は認めなければならないが、一方で食品添加物の使用は、メーカー側に決定権があり、消費者が要求したものではないということも、忘れてはならない。

家庭で料理をつくる場合、防腐剤などの食品添加物はまず使わない。ここからもわかるように、そうした薬剤を使う理由の多くは、企業側の論理によるものであることを、消費者は頭に置いておく必要があるだろう。

メーカーが添加物に依存する、最も大きな理由にコスト削減がある。高くつく原材料の質を落としたり、その使用を極力少なくするなどした末に、添加物の力を借りて、それらしい商品を作り出す。デフレ経済の下、メーカーも小売業界も、血眼になって売れる商品の開発にしのぎを削っているのだが、低価格品は結果的に添加物の割合が高くならざるを得なくなる。

例えば、ハムを作る場合、本来なら豚肉に塩やコショウなどの調味料を擦り込み、冷蔵庫で熟成させてから燻煙し、その後ボイルして出来上がる。その過程で、水分が抜けるため、元の肉からすると七〜八割の大きさになってしまう。

ところが、現在一般に流通する大手ハムメーカーなどの商品は、インジェクション法といって、注入器で調味料や添加物を含んだ液体を注入してから、急速に熱と燻煙を加える機械で仕上げられる。ハムの大きさは、調味液を注入することで、元の肉より五割以上増量することが出来るので、メーカーにとっては非常にうま味のある商品になる（暮しの手帖編集部編『もっと食品を知るために』）。

これ以外にも、卵の入らぬマヨネーズもどきや、イチゴの使用を極端に減らしたジャムなどのように、本来なら作りえない商品の開発が、添加物の力を借りれば可能になる。着色料を使えば、原材料の品質が悪くても、見た目はよくなり、美味しそうにも見える。うま味調味料等を多投すると、本来廃棄するしかなさそうな屑肉でも、子どもが好きなミートボールに変身したりする（安部司『食品の裏側』）。味もそれなりによく、低価格となればいいことづくめに見えるが、果たして本当にそれでよいのだろうか。

もちろん、捨てるしかなかった材料の積極的な利用につながることで、廃棄物を削減する効果はありそうである。地球環境にやさしいという、肯定的な評価もできなくもない。食品加工技術の進歩という点からすると、そうした食べ物は人類の到達点を示しているといえるのかもしれない。しかしそのような食品が、果たして人間の食べ物として、本当にふさわしいと言えるのだろうか。メーカーの関係者は、胸に手を当てて、いまいちど自分自身に問いかけてみる必要がありはしないか。

とりわけ添加物が多く使われる肉の加工品や魚の練り物は、子どもたちに人気がある食品だけに、健康のことを考えると不安を感じざるを得ない。スーパーに行くと、そんな安全性に疑問を感じさせる品が、少なからず並んでいる。

日本では、食品添加物が現在一五〇〇種類もあるとされている。国が安全性や有効性を確認し、製造や販売などが認められている「指定添加物」が四六四品目、長年使われてきた天然物で、国が使用を認めている「既存添加物」が三六五品目ある（松永和紀『お母さんのための「食の安全」教室』）。

一九五三年という、食に対する安全意識がまだ希薄だった頃、『五色の毒―主婦の食品手帖』（九〇年の復刻版では、書名が『主婦の食品手帖―五色の毒』となった）を上梓し、食品添加物に警鐘を鳴らしたのが、のちに東京水産大学学長となる天野慶之であった。当時は、食品添加物の黎明期である。後の高度成長期に比べると、使用量は少なかったものの、後年問題化する添加物はすでに出揃っていた。天野はそうした添加物の危険性について、いち早く警告した研究者であった。

書名にある「五色の毒」とは、当時盛んに使われた、複数の合成着色料を指したものである。天野は非常に早い段階で、タール色素の毒性に、警鐘を鳴らした。元々、タール色素は繊維の着色料として、石油から作られた化学物質である。色の定着がよく、鮮やかで安定していることから、非常に重宝されてきた。しかし、複雑な工程を経てつくりあげることから、途中の副反応でできる不純物や、ヒ素や鉛などの毒物が混入する可能性も否定できなかった。当初二四種類のタール色素が認められていたが、発がん性などの問題が指摘され、次々と使用禁止となり、現在は一二種類になった（一旦は一一種類に減ったが、九一年に赤色四〇号が追加された）。しかし、それらも安全性に疑問があるとの意見が根強い。

私が小学生だった七〇年代を思い出しても、確かに目を剝くような色とりどりの着色料が、氾濫していたものである。学校から帰ったあと、クラス仲間がたむろする駄菓子屋に行くと、ついつい毒々しい色のついた、清涼飲料水や菓子類を手に取ってしまう。そこにいる友人たちの多くが、合成着色料で口の周囲を真っ赤にしていたので、まるでドラキュラのようだと皆で笑いあったものである。着色料が体によくないという意識は、みな共有していたのだが、それでもつい食べたり、飲んだりしていた。

着色料だけではない。子どもの小遣い銭で買える駄菓子の多くには、合成甘味料や香料、防腐剤などありとあらゆる食品添加物が、平然と大量に使われていた。大人ならまだしも、成長期の子どもが食べる食品に、安全性が疑わしい食品添加物が認められていたことに、釈然としない気分を抱いてしまう。

また天野は、合成殺菌料のニトロフラゾンに対して、同書の中でとりわけ深い憂慮の念を示していた。ニトロフラゾンは、のちにZフラン、そして紀平悌子が選挙演説で危険性を訴えたAF2へと、形を変えながら使用され続けていく、同系統の合成殺菌料である。

厚生省環境衛生局食品衛生課（当時）における会合で、天野はニトロ基（亜硝酸根）を含有する化合物を、食品に添加することに一貫して反対意見を述べたという。亜硝酸は劇物なので、どんな悪影響が生じるか予測がつかないというのが、その理由であった。

もともとニトロフラゾンは、上野製薬という薬品メーカーが、アメリカからパテントを買って製造販売をしていた。食品だけでなく化粧品にも使われていた。しかし、皮膚の色素が抜ける等の理由で、一九五一年に目薬や化粧品への使用を、厚生省が禁止した薬品であった。ところが、食品ではとくに問題視されることなく、以後も使用は継続されていた。

やがてニトロフラゾンのパテントが切れる前に、同じく上野製薬が開発したZフランが一九五四年に認可され、食品業界は一斉にこちらに切り替えていった。Zフランは一九六五年に理由不明で使用禁止になり、これと入れ替わる形で、今度も同じく同社が開発したAF2に厚生省から認可が下りた。

これらの変遷を辿ると、奇妙な点がある。有吉佐和子が指摘するのは、いつも一つがダメになると、次の化学薬品が切れ目なく用意されていたところである。単なる偶然とは片付けにくい展開ではないのだろうか。

天野が『五色の毒』を執筆した当時、日本では年間約三万人の食中毒罹患者が発生していた。したがって国の食品衛生行政は、人びとの目から見えやすい、食中毒の抑止に重点が置かれた。

食品衛生法は、「飲食に起因する衛生上の危害の発生を防止し、公衆衛生の向上及び増進に寄与する」ことを目的としていることからも、行政は細菌性食中毒の発生を極度に恐れていた。

そうしたことからも、食品の保存性を高め、安全性を維持する手段として、厚生省は合成殺菌料の使用に積極的だった。合成保存料や殺菌料の毒性は微々たるものだから、赤痢等経口伝染病や細菌性食中毒が多発する日本では、むしろそうした薬剤を使用させる方が衛生的にもプラスになる、という考え方であった。それに食品添加物は、急性毒性による被害が起こりにくく、また仮に後から慢性毒性による健康被害があったとしても、それを立証することは困難であるという判断が、背後に潜んでいたのではないか。

一九五三年九月一五日付で、厚生大臣が食品衛生調査会に諮問を発している。『五色の毒』には、その諮問理由が掲載されている。次の通りである。

食品の保存性を高め、又その安全性を維持する方法として、防腐剤、又は殺菌剤を使用するのは最も簡易な方法であるが従来これらの薬剤は、おおむね、或程度の毒性（特に慢性中毒）があり、かつ製造工程及び保存中の不衛生的慣習を助長するものとして必要不可欠の場合以外は、これが使用を出来るだけ認めない方針をとって来た。しかし赤痢及び細菌性食中毒の多発の現状に鑑み殺菌剤を積極的に使用させるべしとの意見、並びに日本の経済事情及び食品工業の現状に鑑み防腐剤を積極的に使用さすべしとする意見もあり、緊急にその可否を決定する必要がある。

細菌を原因とする食中毒は、現代の日本においても毎年少なからず発生している。中でも一九九六年に、大阪府堺市で集団発生した腸管出血性大腸菌Ｏ１５７による集団食中毒事件は、一万人近くの患者が発生する未曽有の事態になった。小学校の学校給食などに出たカイワレ大根が、感染源であることが後に判明したが、三人の子どもが死亡するなど社会に衝撃を与えた。

この事件では、トリハロメタンの発生を減らすために、次亜塩素酸ナトリウムによる殺菌を取りやめていたことが、遠因となったとの説もある。じっさい、堺市内の小学校のうち、栄養士の判断で塩素消毒を行っていた一校だけは、食中毒が発生しなかったといわれる（中西準子『食のリスク学』）。

腸管出血性大腸菌は、Ｏ１５７以外にもＯ２６やＯ１１１など、多くの種類があり、極めて強い毒性物質を放出する。下痢や嘔吐などの激しい中毒症状を引き起こし、重症になると溶血性尿毒症候群や脳症などの合併症を引き起こし、最悪の場合は死に至る。加熱が不十分な牛肉や牛レバーなどとともに、野菜や果物による感染が報告されている。

腸管出血性大腸菌は、多くの牛が腸内に保菌しているが、感染力が強く、ごくわずかな菌数で発症する危険性がある。保菌牛の排泄物には、菌が含まれており、土壌や水などを汚染しやすい。また解体処理時に、腸管や糞便が肉に触れることで、汚染が広がる恐れがあるので、その扱いには細心の注意が必要である。

他にも、牛や豚、鶏の腸管にはカンピロバクターという菌による中毒事件が、多発している。カンピロバクターも感染力が強く、わずかな菌数で被害が広がりやすい。下痢や腹痛、発熱などの症状がみられるが、重症化すると敗血症や肝炎に至ることもある。腸管出血性大腸菌もそうだが、カンピロバクターも何より十分に加熱することが、予防に際しては最も重要である。こうした毒性の強い菌による、爆発的な感染の拡大をみていると、食中毒はけっして侮ることができないという思いを新たにする。

細菌性の食中毒には、O157のように生命の危険がある重篤な症状を呈するもののほかに、発熱や嘔吐、下痢など数日間の静養でほぼ回復する軽症の種類も少なくない。いずれにせよ、同様の経路で感染するのだから、調理の際には微生物を「つけない、増やさない、殺す」管理が重要になる（松永、前掲書）。私たちが家庭で食中毒を予防するためには、しっかりと洗浄や加熱をし、適切に保存することが大原則である。薬品に頼るのも、もちろん必要ではあろうが、食生活の安全のためには、なにより私たちが古来受け継いできた加熱処理などの生活の知恵に、忠実であるしかない。

天野は、殺菌剤によって、赤痢などの食中毒発生を抑止することは困難であると、強調している。抗菌効果には、殺菌効果と静菌効果がある。食品に添加して、いわゆる防腐効果を高める作用をするのは、ほとんどすべてが静菌的作用によるもので、どの殺菌剤や防腐剤も、瞬間的な殺菌力は持ち合わせていない。そうしたところから、殺菌剤などの薬剤によって、赤痢等の病原菌を防除できるなどという思想には、学術的根拠は全くない、と言明している。

また合成殺菌料AF2のような化学物質は、長期にわたり摂取し、人体に蓄積した場合の影響は全くわからない。細菌性食中毒のような食品被害に目を奪われるあまり、食品添加物のように本来自然界に存在しない、未知の物質が人体に及ぼす悪影響に、食品行政に携わる者があまりにも無神経ではないのかと、天野は強い懸念を示した。

AF2は、トフロンという名称で製薬会社から発売されていたことからもわかるとおり、豆腐の防腐剤としてよく使われた。それ以外にも、蒲鉾、ソーセージなどに添加されていた。

一九六五年に認可されたものの、のちに発がん性があることがわかり、九年後の一九七四年に使用禁止となっている。使用が許可されてからの九年間は、豆腐などさまざまな食品に幅広く使われ、多くの人が日常的に摂取していたことはまぎれもない事実である。AF2の発がん性が明らかになり、日本では豆腐も安心して食べられないと、多くの人が強い不安や憤りを感じたものである。

当時、豆腐屋の店頭では、水槽に豆腐を晒して販売していた。AF2は、鮮やかなオレンジ色の粉末だが、適量を水に溶かすと水槽の水は薄黄色い液体になった。当時いつも近所に来ていた移動販売の豆腐屋も、やはり使っていたのだろうか。

冷蔵ではなく、ただ常温の水に豆腐を晒しただけで、街中を売り歩いていた豆腐屋にとって、気温の上がる夏場は、特に衛生面に不安を感じていたことだろう。そんな彼らにとって、ＡＦ２は心強い薬剤だったかもしれない。実際、この薬剤には、目を見張る防腐効果があったらしく、重労働が続く豆腐業者の負担軽減につながったという声も聞いた。しかし、一日中水に触れる現場からは、皮膚炎などの身体的異変を訴える例が後を絶たず、トフロンによる人体への悪影響を懸念する声が常に囁かれていた。

一九七一年、東京医科歯科大学の外村晶教授らのグループが、ＡＦ２とともに培養した人の細胞に、染色体異常を発見し、七三年の日本環境変異原学会で発表した。翌日の新聞で、ＡＦ２の問題が大きく取り上げられたことから、大騒ぎになった。

店頭に「ＡＦ２は使っていません」という張り紙をだす、豆腐屋もよくあった。当時、私もＡＦ２を使っていない豆腐屋に、買いに行かされたから、よく覚えている。

厚生省は、ＡＦ２の安全性を訴え、事態の鎮静化を図ろうとする。しかし一九七三年、国立遺伝学研究所の田島弥太郎らによって行われたテストの結果、ＡＦ２がバクテリアの遺伝子に変異を起こさせることがわかった。

記者会見で、田島が語った言葉を、「大切な考え方だと思う」と、有吉佐和子は『複合汚染』の中で紹介しているので、以下に引用する。

「いま、ＡＦ２が私たち人間に突然変異を起すかどうかは、なんともいえない。しかし、もし将来、AF2がその作用を持つことが分ったとき、すでに取りかえしのつかないほどの悲惨な結果を招いているだろう。そしてそのとき、人々は、なぜあのとき学者は強く警告してくれなかったのだろうと非難し、私たちも一生の悔いを残すだろう」

結局AF2が、食品添加物の指定から除外されることになったのは、国立衛生試験所のネズミを用いた実験で、胃がんの発生が確認された、一九七四年九月になってからのことであった。

AF2の騒動は、一九七二年に米国から日本へ復帰したばかりの沖縄にも波及している。沖縄で持ち上がった問題からは、AF2という殺菌料を、当時の厚生省がどのように位置づけていたのかを垣間見ることが出来る。少し触れておきたい。

沖縄では、伝統的に豆腐がよく食べられてきた。製法や大きさ、保存の仕方などに特徴があり、日本本土よりもむしろ、中国などの東アジアおよび東南アジア地域の豆腐に近似性がある。水抜きをよくした、固めの豆腐であり、ヤマトのように水晒しをせず、直接平台に置いて販売される。

ウチナーンチュ（沖縄人）は、もともと家庭で豆腐を自製することが多かった。そうした食習慣が、彼らのなかに独自の価値観を育んだ。それは、新鮮な豆腐は「熱い」という観念である。熱した豆乳に、凝固剤を注いで作るのだから、出来立ての豆腐はみな熱い。だが沖縄のような価値観を、他所で見ることはない。そんな豆腐を、地元では「あちこーこー」（アッアッ）のシマ豆腐と呼ぶ。

いまではシマ豆腐も、店屋で買い求める商品になっているが、価値観は継承されている。スーパーに行くと、冷蔵ケースに並ぶパック入りの豆腐が主流だが、近くの平台には伝統的なシマ豆腐が鎮座し、存在感を示している。やってきた客は、「あちこーこー」の豆腐をビニール越しに手の甲で触れて、熱いかどうかを確かめて買っていく。多くの沖縄人は、現在も「アツアツ」を重要視している。衛生面からも、「アツアツ」は安心感がある。

そんな長い伝統を持つ沖縄の「あちこーこー」豆腐が、日本への復帰にともない、一時存亡の危機に立たされた。一九七四年に食品衛生法の一部改正が検討され、豆腐の製造と保存の基準が、変更されることになったことが原因であった。法律の改正点で最も沖縄の業者を戸惑わせたのは、「豆腐は、冷蔵するか、又は十分に洗浄し、かつ、殺菌した水槽内において、飲用適の冷水で絶えず換水しながら保存しなければならない」とされたことであった。

この改正には、はっきりとした原因があった。強い発がん性が認められた合成殺菌料AF2が、使用禁止となったことが背景にあった。

AF2のような殺菌料を、豆腐用に認めていたぶん、厚生省（当時）も豆腐の製造現場に長年無関心でいられたのだろう。ところがAF2の使用を禁止することになって、従来よりも厳格な製造や保存の基準づくりをする必要に迫られたわけである（『厚生白書　昭和五〇年版』）。

波紋は直ちに沖縄の豆腐業者に広がった。なによりも、このままでは長い歴史を持つ「あちこーこー」豆腐を食べられなくなってしまう。地元の沖縄県豆腐油揚商工組合は、厚生省に対して改正を思いとどまるよう熱心に働きかけた。

「あちこーこーの豆腐で食中毒になった話も聞かないし、慢性的に水不足に悩む沖縄で「絶えず換水」なんてしていたら大変だ」、それに「零細な業者が多い業界で、みんなが高額な冷蔵設備なんて到底導入できない」と、砂川幸一理事長（当時）は東京に何度も足を運び、役人を前に訴えた。しかし、彼らの対応は、実に冷ややかなものであった。

しかし、砂川理事長の粘り強い説得が、やがて実を結ぶことになる。度重なる必死の懇請に、ついに厚生省も折れ、特例的に「成形した後水さらしをしないで直ちに販売の用に供されることが通常である豆腐にあってはこの限りではない」とする文言を法律に挿入することになり、「あちこーこー」豆腐の問題はひとまず決着したのであった（食品衛生法施行規則及び食品、添加物等の規格基準の一部改正について　一九七四年一〇月一七日環食第２２３号）。

食品添加物は、一応国から認可されているとはいえ、あくまで単独での使用に対する安全性に、お墨付きが与えられているに過ぎない。複数の添加物を摂取した場合に生じる影響は未解明であり、いわば公然と生身の人間をつかって人体実験を行っているようなものである。私たちは通常、ひとつの食品だけを食べて生活しているわけではない。一日数品目、もしくは多い人なら数十品目もの食べものを口にしている。それらすべてに複数の添加物が含まれていると仮定するなら、単一ではなく複合的な人体への影響を調査しなければ、安全性が十分に確認できたとはいえない。しかし当時も今も、予算や人員の制約があり、実生活に近い状態で毒性をテストする体制は、残念ながら取られていない。

ＡＦ2は、一九七五年に使用禁止となるまで、九年間にわたり豆腐や練り物などに添加された。以来、約四〇年が経過したことになる。

本章の最後に、市川定夫が著書『環境学』（藤原書店、一九九三年）のなかで、ＡＦ2についてつぎのような指摘をしているのを、紹介しておこう。

この間、九年間にわたって、感受性が高い年少者を含む日本人がAF2を摂取させられたことを考えると、厚生省の責任は極めて重いといわねばならない。この殺菌料が日本における特異的な胃ガンの多発の一因であったことは、その使用禁止の数年後から胃ガンが減り始め、一八年を経た現在、欧米とあまり変わらない発生率になっていることから、まず間違いないと思われる。

こうした意見に対する賛否は、分かれることだろう。もし市川定夫がいうように、AF2が原因で胃ガンを発症していたとしても、実際のところその因果関係を私たちは解明しようがない。

動物実験で確認された発がん性が、直ちに人間に当てはまるわけではないという反論も当然ありそうである。胃ガンの発生率の推移にしても、AF2という合成殺菌料だけが結果に影響したものとは、即断しにくい。それでもなおかつ、私たちがこの推論を首肯したくなるのは、食品添加物に対する根源的な不安や不信感が、払拭できないからである。

環境における危険因子が、私たちの身の回りには無数に存在する。AF2はその代表格であった。当時、何も知らずに豆腐を食べていた消費者は、圧倒的に無力であった。食品の選択肢は少なく、情報も乏しい。そんな状況に不安を感じても、打開する術はなかった。本来、生命を育む食物が、自らを病に追いやるこうした逆説は、理不尽としか言いようがない。

敗戦を経て、日本人の多くが日々の食事にも事欠くありさまだった。食糧の増産が国是であり、戦後永らくの間、質よりも量を確保することが、官民ともに最大の関心事だったといえる。農作物の生産は、もっとも手っ取り早い、農薬や化学肥料の多投ということに繋がりやすかった。

食品加工の現場でも、効率的に長期保存できることが重んじられることになる。食品添加物が多数認可され、様々な加工食品に使用されることになった。比較的毒性が低いものもあったが、なかにはＡＦ２のように、発がん性をめぐり社会問題に発展する添加物も少なくなかった。

食品添加物は、塩などとは違い、人間の生理上必要なものではない。あくまで食品の製造や加工、貯蔵に資するためのもので、食品を生産する企業の側に多くのメリットが偏る。

古くから豆腐の凝固剤として使用されてきた苦汁（塩化マグネシウム）も、れっきとした食品添加物なのだから、他の薬品についても過剰に恐れる心配はないとする意見も聞く。だが、これは議論を攪乱させるためだけの妄言に等しい。

人間の生命活動に取り、塩は必要不可欠である。どんなに海から遠く離れた山奥であっても、そこに人の暮らしがある限り、塩の需要があった。人里離れた山奥の僻村であっても、沿岸部から塩が運ばれていた。そうした経路は「塩の道」と呼ばれ、各地にたくさん存在した。

山村では、苦汁分を多く含む少し質の落ちる塩を叺で買うことがよくみられた。叺からは、やがて潮解により苦汁が滴り落ちてくる。それを使って、山の民は豆腐を作り、貴重な蛋白源を補給した。ここからも、塩から派生した苦汁は、人びとの食生活と深い結びつきがあったことが、よくわかるのではないだろうか。

ところがそんな苦汁とは違い、ほとんどの食品添加物は、私たちの暮らしとは無縁の化学物質である。それらがどんなに厳しい試験を経て、安全性が確認されていると聞いても、承服しにくい気分が残ってしまう。動物に備わる、本能的な警戒心による不安といってもよいかもしれない。

家庭でつくる料理の中に、自ら合成保存料を入れて保存してみようとは、おそらく誰も思わない。ほとんどの人にとって、それらは得体のしれない薬品でしかないからだ。そうした消費者の思いは、リスクとベネフィットを比較し、理詰めで添加物の有用性を説く専門家の意見と交差しにくい。

もちろん保存料を添加することで、食品を安価に流通させ、長期間保存できるという利点を、消費者側が享受していることは、間違いのないことだろう。食品添加物の使用が、味を良くし、保存性を高めるなど、最低限度の目的に留まっているのなら、まだ納得もいく。しかし、一方で明らかに人間の食べ物から逸脱した、欺瞞的としか言いようのない、食品づくりに加担する薬品群でもあったという事実も、忘れてはならないことだろう。

自分の家族には決して食べさせない色とりどりのハムや漬物などを、大量に作り売りさばいても、良心が痛まない加工業者が厳然と存在する。彼らの商売は、食品添加物無くしてはけっして成り立たない。そうした事例を、私たちは数多く目撃してきた。

公害や食品添加物を巡る消費者の危機感が、いわば頂点に達したのが、有吉佐和子が『複合汚染』の連載を始めた、一九七四年頃だったのではないだろうか。

やがて女性や農民たちは、こうした様々な問題を契機に、公然と異議申し立てをするようになる。

第八章　行動する生活者たち

一九七〇年代は、日本経済の拡大に伴い、様々な矛盾が露見してくる時代であった。大気汚染や食品公害が、人びとの暮らしに影を落とすようになってくる。とりわけ食生活に対する不安は、人間の生命活動に深刻な影響を与えることになった。

そうした状況に抗して、日本各地からは自分たちの暮らしを見直そうという動きが活発化してくる。ここから第九章までの二つの章では、そんな潮流の中から生まれた、消費者グループや有機農業者を紹介してみたい。

一九七二年四月にスタートした「神戸学生青年センター」（現・飛田雄一理事長）は、元々「六甲キリスト教学生センター」という名称で、一九五五年に設立された。阪急六甲駅から少し山側にある八〇〇坪の土地と、そこに建つ古い木造住宅二軒を、アメリカの宣教師団が買い取り、宿泊事業を始めたのが最初である。近くに神戸大学や神戸市立外語大があることから、アメリカの長老教会がここでバイブルクラスを開いたりしていた。その場所を新しく市民活動の拠点として衣替えする際に、名称を「神戸学生青年センター」に改めた。

翌七三年四月、同センター主催で、「自然と人間」と題する婦人生活講座が四回にわたって開催された。この講座で食品公害や自然破壊の深刻さを学んだ参加者の希望で、六月から毎月一回の食品公害セミナーが開かれるようになった。

参加した多くの女性たちは、グループでレイチェル・カーソンが書いた『沈黙の春』の読書会を開いたりして、みな熱心に勉強をした。そんなときに、朝日新聞紙上で有吉佐和子の『複合汚染』の連載が始まり、大きな話題を集めた。今では想像しにくいが、人が集まると食品公害の話題になるという雰囲気があった。

当時、近くの神戸大学農学部で助手をつとめていた保田茂も、この講座に参加するようになった。この頃、毒性の強い農薬や化学肥料に依存する農業に疑問を感じていた保田は、思いを共有する兵庫県内の農業者たちとともに、七三年一一月兵庫県有機農業研究会を立ち上げることになる。

食品公害セミナーへの参加者たちが、第三回の講師をつとめた卵生産者から共同購入を始めたことをきっかけに、一九七四年四月一日「食品公害を追放し安全な食べ物を求める会」(略称「求める会」)が発足する。翌年の七五年八月には、早くも会員数が約一六〇〇世帯に達しているのだが、これをみるだけでも、食に対する人びとの危機感が、当時どれだけ強かったかがわかるであろう。

同じころ、かつて全国愛農会会長を務めた兵庫県氷上郡市島町(現丹波市市島町)の近藤正は、梁瀬義亮や日本有機農業研究会の一楽照雄と出会い、近代農法の根本的な誤りに気が付いた。そして六三歳にして有機農法に転換する。

七三年に、兵庫県有機農業研究会の会合に出席した近藤は、「求める会」の消費者達と話し合い、米や根菜類の取引を始めることを約束し、提携関係が始まることになった。七五年には、市島町内の農家に呼び掛け、これに応じた三三名の農家とともに、市島町有機農業研究会(市有研)を立ち上げた。

こうして卵から始まった「求める会」の共同購入は、市有研の生産者とつながることで、野菜や米に対象を拡大していくことになった。

七五年は米と南瓜、馬鈴薯、人参、大根、カブが植えられた。八月には、初めての有機農産物である南瓜が、「神戸学生青年センター」に届き、「求める会」のメンバーは、それを積んだトラックを、歓迎の横断幕を張り、拍手をもって出迎えた。

当初は、かぼちゃや人参、大根などの野菜が、「求める会」に大量に届き当惑することも少なくなかった。かぼちゃを一度冷蔵庫で保存してから配送したものの、すぐにカビが発生して大混乱したこともあった。提携が始まった当時の、生産から配送に至るまでの苦労は、言葉では語り尽くせない。また米の取り扱いには、食管法が壁となり難渋を極めることになった。書類は市島農協から兵庫県経済連、兵庫県米穀配合改善事業協同組合を経て、卸売業者に渡り、さらに小売業者を通してようやく「求める会」に届くという、経済合理性からは程遠い経路を辿った。

淡路島南部の兵庫県南淡町（現南あわじ市）は、みかんや枇杷の生産が盛んな土地である。この地にそびえる淡路島最高峰の諭鶴羽山《ゆずるはやま》から南側の紀伊水道を臨むと、大海原に浮かぶ沼島が見える。

一九七五年夏のことである。ここ諭鶴羽山の山裾、灘城方で代々柑橘類の生産をする山口勝弘（一九三三年生まれ）は、聞くともなしに聞いていたラジオの話に、思わず耳をそばだてた。

農薬に汚染された野菜や米、日頃何気なしに使っている合成洗剤の悪影響などで、私たちの暮らしが危機に瀕しているとアナウンサーが話している。番組ではちょうど、有吉佐和子が書いた『複合汚染』の内容を、紹介していたのだった。

驚いたことに、農薬や化学肥料を使わずに野菜や米をつくる生産者と、それを求める消費者との交流は、すでに始まっているというではないか。衝撃的であった。そんな話を聞きながら、山口は急に視界が開けていくのを感じた。

一九六〇年代の半ばから、みかんの木に殺菌剤を撒布すると、皮膚かぶれをおこし、赤く腫れあがるようになった。かゆくて辛抱できずに掻くと、皮膚が破れて出血することがずっと続いた。収穫後、冬場に貯蔵しているみかんの選別作業をしていても、やはり同じように痒くなる。炬燵に入って身体が温まると、さらに痒みがひどくなり、当時は皮膚が荒れてカサカサになっていた。

一九六六年春には、肝臓病になってしまった。酒などもあまり飲まないし、思い当たる節がない。知人からは、農薬が原因ではないのかと、忠告されていた。

当時はみかんの栽培に、年間一〇回くらいの農薬をかけていた。共同出荷をしていた関係で、普及所の指示通りに農薬の撒布をしなければ、虫食いなどで見た目が悪くなり、みかんを安くしか評価してもらえない。下手をすると、値段が最上ランクの何分の一かになってしまう。そういうこともあり、農薬を仕方なく使っていたが、皮膚炎や肝臓病を契機に、その使用を極力控えなければいけないと考えるようになった。

農薬を使わずとも、病虫害に負けぬ栽培法はないものか、研究を重ねたが、味は良くても見てくれの悪いみかんは、低い評価しかされなかった。一九七二年に軽自動車を買ったこともあり、共同出荷に適さぬ傷の多いみかんを荷台に積んで、車で三、四〇分の範囲を訪問販売に回ることにした。生まれたばかりの次女恵未《めぐみ》を母に預けて、妻の照子（一九四四年生まれ）と家々を回るのだが、慣れぬ商売とあって最初は抵抗があった。飛び込みで営業するのは照子の役割である。見知らぬ家を回るのは辛かったが、我慢して続け、帰宅は夜の九時を過ぎることもざらにあった。

そうするうちに、馴染みの客も増え、味が良いといって、よく買ってくれるようになった。このやり方だと見た目は関係ないので、三年目には殺虫剤二回と、除草剤一回の撒布に抑えることにした。

有機肥料を多く投入したことで、味がさらに濃厚になったと評判を呼び、このシーズンのみかんはすべて完売した。ラジオで有機農業の話を聞いたのは、ちょうどそんなときの出来事だった。

さっそく『複合汚染』を読むと、農薬の被害にあった人が、それをきっかけに有機農業に転換した話が紹介されている。皮膚炎や肝臓病を機に、農薬を遠ざけながら、消費者への直売に活路を見出している自分も、知らず知らずのうちに有機農業への道を歩み始めているのではないか。そう思うと、気持ちが高ぶってくる。

「もう進む道は決まっているんだ」

そう、ひとり相槌を打ちながら読了した。

そんな余韻が覚めぬうちに、日本有機農業研究会に電話をして、有機農業についていろいろ尋ねてみる。すると、兵庫県にも有機農業研究会が出来ていると教えてくれた。すぐに連絡を取り、入会の手続きをした。その時、「求める会」という共同購入会があることを知った。

農薬をすでにずいぶん減らしているのだから、さらに完全に使わずに栽培できぬものかと思案し、試行錯誤をした。もし従来通り、共同出荷をしているだけなら、防除暦通りに農薬を撒布していれば、それなりのモノはできる。しかし有機農業を始めるとなると、教科書などは何もなく、自分で考えて実践するしかない。

この年のみかんには、「無公害の自然食品を目ざして」と題して、次のようなメッセージを同封した。

近年、公害に対する世論の高まりにつれ、食品公害も注目されています。数年前より農薬散布の回数を最低限必要なものだけにして、農薬公害のないみかんをめざして、研究を続けている私の考え方が正しかったことを認めていただけるものと自負しています。

新聞、テレビ、本等で御存じのことと思いますが、最も留意しなければならない食品汚染が、今まであまりにもなおざりにされていたのではないでしょうか。見た目の美しさばかりにとらわれて、中身が農薬によって汚染されている食品のいかに多いことか…。

みかんは普通五回以上の農薬散布をしておりますが、私のみかん園は今年は一回ですますことができました。肥料も化学肥料より、自然肥料に重点を置いています。また、自然食品をモットーにして、有害な着色や味つけ、ワックスがけをしていません。

農薬散布をせず、化学肥料を使わないと、皮に傷が多く見た目には決して美しいみかんではないし、収量が減ります。しかし、人の健康を守るためには、個人の利益のみにとらわれて、やたらと農薬を使うべきでないと思っています。

だから、当園のみかんは食品公害の心配をせず、安心して召し上がって下さい。

今後、農薬や化学肥料を使わず、完全な自然食品のみかんを作ることを目標に努力していきますので、ご愛用《ママ》のほどお願い申し上げます。

兵庫県三原郡南淡町灘城方　山口勝弘農園

尚、農薬汚染については、有吉佐和子の『複合汚染』をぜひとも読んでください。

翌一九七六年の初秋に、山口は「求める会」に自分のみかんも扱ってもらえぬものかと、持ちかけてみた。「求める会」としても、農産物の生産地が、広範囲に分散するのは好ましくないとの思いがあった。そこで柑橘類に関しては、兵庫県内で有機農業に取り組む、山口の申し出を前向きに検討することにした。そして、山口の畑を見学するなどしたうえで、まずは各グループによる部分的な共同購入が始まった。味も香りもよいと会員の評判は上々で、何より農薬の撒布を極力控えていることから、皮まで安心して利用できると喜ばれた。

この年は、ヤノネカイガラ虫が多発していた一か所を除いて、他の畑はすべて農薬の撒布を中止した。やめて気づいたのは、これまでは予防的に、必要以上にたくさんの農薬を使っていたということである。農薬をかけてさえいれば大丈夫、という安心感があった。農薬撒布を「消毒」と言い換えるのも、罪悪感を減殺させる効果があったのかもしれない。

同年のみかんには、ヤノネカイガラ虫が黒ゴマをひっつけたようにたくさんついていた。その他にも、ソウカ病やサビダニなどにより、見た目が悪いものが多かった。にもかかわらず、訪問販売で買ってくれる客からの苦情は、驚くことに全くなかった。有機農業は、生産者と消費者との信頼関係により成り立つものだということを、このとき実感した。

日本でもともと栽培が盛んだったのは、中国から熊本を経て、和歌山に伝わったとされる紀州みかんであった。温州ミカンは、この紀州みかんの花に、インドネシア原産のクネンボの花粉がついて誕生したことが、最近の研究で明らかになっている。

温州ミカンは、英語名 SATSUMA MANDARIN と言う通り、江戸時代に現在の鹿児島県長島で生まれたと推定されているが、本格的に栽培が広がったのは明治に入ってからのことである。それ以降、実が小さく種の多い紀州ミカンは、次第に廃れていき、温州ミカンが日本におけるみかんの代名詞になっていった。

薩摩藩は、中国との密貿易を盛んに行っていたとの説もあるが、そうした事情も温州ミカンの誕生には関わっているのかもしれない。江戸期は鎖国で、外部とは没交渉だったと思われている。しかし実像は、ずいぶん異なっていた可能性がある。

このように温州ミカンの一方のルーツを辿ると、中国に行きつくわけだが、ここからヤノネカイガラムシの天敵を原産地で調査し、突き止めた日本の研究者がいることをいることを、山口は農業雑誌で知った。さっそく農業試験場に頼んで、その虫を取り寄せてもらうことにした。ヤノネキイロコバチという天敵だが、一九八四年に初めて畑に放ってみたところ、かなり効果的であることがわかり、以後ヤノネカイガラムシの被害は非常に少なくなった。

有機農業を目指すようになって以降、農薬を多用していたころには考えたこともなかった、さまざまな病虫害に悩まされるようになった。ハダニやサビダニ、カミキリ虫などは、その最たるものである。

カミキリ虫は、木の根元に産卵し、孵化した幼虫が樹皮と木質部の間に寄生し、樹液の通る層を食い荒らす。見つけると、手作業で針金を使い掻きださねばならず、その労力は並大抵ではない。発見が少し遅れると、樹が枯れてしまうので油断はできない。

しかし、悔しいことに、これまでにトータルで千本ほどみかんの樹を枯らしてしまっているだろう。

農薬を減らしたことの代償は、決して小さくはないが、その痛みを胸に刻みながら、次の教訓にしようと励んできた。

一九八一年になって、山口は志を同じくする、近くの仲間たちと、「ゆずるは有機農業研究会」（現在は「ゆづるは百姓連」に改称）を七戸一二名で立ち上げた。諭鶴羽山には、「ゆずるは」という常緑樹が自生している。春に古い葉がおち、一斉に新葉に入れ替わるので、ゆずりは（譲葉）という名でも呼ばれる。

「ゆずるは」という木は、若葉が成長し同化作用を十分するようになると、役目を果たした古い葉が落ちて、自然に還り腐葉土となる。そうしてできた栄養素が、次世代を守り育てていくという営みを、永劫に続けてきた。「ゆずるは有機農業研究会」という名称も、この「譲り葉」を範として、薬物に汚染されない肥沃な土地を、子や孫に継承したいとの願いが込められている。

この年から、「求める会」とも正式な提携関係となり、「ゆずるは有機農業研究会」からの共同出荷が始まった。「求める会」としても、有機農産物の生産と提携が、「点」から「線」に広がりを見せたことを、喜ばしいことだと受け止めた。山口個人だけのころは、品不足だったが、グループが出来たことで、出荷量も三倍に増え、注文量を十分満たせるようになった。

とはいえ、まだ僅かとはいえ農薬を撒布している。有機肥料がほとんどなのだが、一部に化学肥料も使っている。そういう点も理解したうえで、「求める会」との提携関係が始まったことを、山口は非常に有難く思うと同時に、より一層の責任を痛感していた。まだ理想からは遠い未完成品であることを、十分認識しながら、さらなる研究を続けていこうと、強く心に誓ったのだった。

「ゆずるは有機農業研究会」では、病虫害に対する次のような基本姿勢を明示して、消費者に配った。要約すると、次の通りである。

①「適地に植える」
有機農業では、とりわけ適地適作が重要である。立地条件により、生育環境が大きく変わる。みかんの場合、温暖な気候を好み、強風の当たらないところで、湿度も高くないことが大切である。淡路島の南端に当たる灘地区は、晩春から梅雨末期にかけて、靄がかかり、湿度が高く蒸し暑い日が続く。一般的に湿度が高いと、病気が蔓延しやすい。

②「健康な木づくり」
健康なみかんの木を育てるには、保肥力や保水力があって、通気性のある土地であることが条件となる。

厚くて堅い葉は虫や病気に強い。そんな葉に育てるには、穏やかに効き、栄養バランスのとれた有機肥料を施し、日光が万遍なく当たるように、枝葉を剪定することが重要である。

③「天敵の導入」
適地に植えて、健康な木に育てると、病気や虫に冒されにくいのだが、それでも完璧に防げるわけではない。カイガラムシは繁殖力が旺盛で、瞬く間に広がる。

みかん園には小鳥も来るし、あしなが蜂が巣をつくり、クモやカマキリなど多様な生物が、えさを求めてやってくる。自然界では、ある種の虫が増えると、天敵がその虫を捕食し、大繁殖を防ぐ生態システムになっている。

だがみかんは意外なほど虫害に弱かった。もともと中国原産の蜜柑には、害虫は付着してきたものの、天敵は日本列島に渡来しなかったという説もある。

しかし、カイガラムシの天敵ルビーアカヤドリコバチなどを、導入すると被害が目に見えて少なくなった。幸いにも、この虫は在来の生態系に悪影響を及ぼさず、日本の環境に適応していった。

④「農薬の使用規制」

天敵は人間の都合に合わせてくれるわけではなく、自分に必要な餌しか食べない。だから年によっては、害虫が大発生し被害が拡大することがある。

「ゆずるは有機農業研究会」では、カイガラムシの異常発生で、木が枯れる恐れがあるときに限り、マシン油乳剤を年に一度だけ使用してもよいことにしている。

また、他の病虫害による被害で、長期間の減収が予想されるときだけ、研究会の了解を得て、農薬の使用を認めることにしている。その場合、使用した農薬の種類や散布状況について、各自が添付するチラシやパンフレットに明示しなければいけない。

紀伊水道を見下ろす山口勝弘のみかん園

こうした取り決めをして、長年研究会の仲間と農薬や化学肥料をできるだけ使わぬようにしてきた。もしも山口が一人だけで有機栽培に取り組んでいたなら、もっと厳格な基準を自らに課すこともできたかもしれない。しかし研究会では、極端にハードルを高くせぬようにした。

山口は枇杷も栽培しているが、こちらはみかんに比べて無農薬で作ることはたやすい。これまでずっと、まったく農薬撒布をせずに栽培してきた。だが一般的に、みかんのような永年作物の果樹を、樹勢を保ちながら、無農薬で栽培し続けることは、決して容易なことではない。そのことは、ほかならぬ山口がなにより熟知していることである。

病虫害で、樹勢が弱り、収量が大幅にダウンしてもなお、農薬を使わなければ、結局は木が枯れてしまう。そうしたリスクを研究会員に強要するよりも、生態系を大切にする農業に取り組む者が、地元で一人でも多くなることのほうが、重要ではないのだろうかと考えた。現状では、年に一〜二回の農薬撒布はやむを得ない。まずは、有機農業が社会で広く認知されるために、山口は次善の選択をしたのだった。

農薬の撒布は、七月までと決め、それ以降は一切薬剤を使わぬようにした。この季節なら、早生ミカンが収穫できるまでに、約三か月の間隔が空く。その間、何度も雨が降り、時には台風も来るだろう。雨に流されて、農薬の残留もいくらか少なくなるのではないだろうか。

農薬を撒布する時は、暑い夏でも合羽にマスクを着用し、目を守るゴーグルをつけるという、大変な重装備である。それでも吸い込んだり、肌に付着することは避けられない。できれば農薬を使わず栽培できれば、どれだけ有難いことか。そんな思いは、どの農民にも共通するものであろう。誰もが好んで農薬撒布をしているわけでない。そのことを、消費者にもわかってもらいたいという気持ちが、山口には強くあった。

雑草は、除草剤を使わずに、草刈り機で刈り取っているが、これも夏場の作業は大変な重労働である。

近年は、獣害が増えた。有機肥料を多く施すことから、ミミズなどの土中生物が多く、それを目当てに猪がやってくるようである。猪は前足で枝を押さえて、一メートルほどの高さにある果実も食べている。また、農薬の匂いがしないからか、シカやウサギが葉っぱを好んで食べにくる。

最近は、里山に人が入らず荒れていることも、猪などが人里に下りてくるようになった原因の一つだろう。園の周りにワイヤメッシュを張り巡らせ、その上から網をして侵入防止に気を配っているが、それでも少しの隙間があれば、こじ開けて中に入られ、荒らされてしまうので頭が痛い。

しかし農薬を極力使わぬ農業をしていると、園内には小鳥が虫などの餌を求めて飛来する。蜘蛛や蜂、カマキリ、てんとう虫など、小さな生物が活躍することにより、豊かな生態系が成立している。そのおかげで、美味しく安心して食べられるみかんをいただくことが出来る。

近年は、異常ともいえる天候不順に悩まされている。一か月も雨が降らないときもあれば、突然集中豪雨となり地すべりが発生して、肥沃な表土が流出してしまう。自然環境に一喜一憂するのは、農民の宿命だが、この頃は従来の常識が通用しなくなってきた。

みかんは収穫後も生きて呼吸をしている。高温だと消耗が早く腐敗する率が高くなる。また貯蔵病害による腐敗果も発生する。それを防ぐため、一般に収穫直前の防腐剤撒布が行われている。しかし、山口はそうしたことをけっしてしない。着色や増糖、浮皮防止のためにホルモン剤の使用が推奨されてもいるが、もちろんそんな薬剤とも無縁である。ワックスも使わない。

ゆずるは百姓連が発足して以降、ずっと子どもに安心して食べさせられる果物を育てようと、努力をしてきた。山口の理想からすれば、今のところは、まだ道半ばである。

しかし、これからも更なる高みを目指して、安全な果物づくりに励んでいこうと、山口は思いを新たにしている。

第九章　有機栽培の茶づくりに生きる

本章で紹介するのは、奈良市月ヶ瀬で長く有機栽培のお茶づくりに取り組んできた辰巳洋子と、その生産を支えてきた共同購入会の歩みである。

奈良県の月ヶ瀬村は、古くから大和茶の産地として知られている。二〇〇五年四月一日より、市町村合併で奈良市月ヶ瀬となったが、行政区画が変わっただけで、地域に取り立てて大きな変化は見られない。

月ヶ瀬は、かつての大和、伊賀、山城の国ざかいにあり、大和高原の北東端に位置している。中央部を名張川（五月川）が渓谷となって貫流し、初春には一帯の梅花が咲き誇り、観梅の名所としても有名である（『月ヶ瀬村史』）。

この地で代々続く茶園（葉香製茶《ようこう》）を継承した辰巳洋子（一九五〇年生まれ）は、毎日思い悩んでいた。自分の茶畑を有機栽培に切り替えようと試み始めて三年がたっていたが、農薬や化学肥料を使わぬ茶作りを農協は認めず、「持ってきても値段はつかない」と、全く相手にしようともしなかった。在庫は増える一方で、売り先はない。村のなかでも同じ茶農家から、害虫の発生源のようにみなされ肩身は狭い。そんな苦しい胸の内を「低農薬のお茶作りで味わわされる断絶感」と題して、新聞の読者欄に投稿したのだった。

　私は今、茶工場に積まれた化学肥料を前に思案にくれています。もうすぐ茶畑に春肥を施す時期なのです。有機栽培に切り替えようと思い立って四年目。この三年間、徐々に化学肥料を減らしてきて、最後の複合肥料です。父は『今年は近年まれな寒さで弱っているから、もう一度複合肥料を施そう』というし、私は鶏ふんを二トンもやったんだから、もうやめよう」というし、話がまとまりません。

とはいえ、私の頭の中でも、この化学肥料を施したいのは、やまやまなのです。それというのも「これは化学肥料も農薬も極力減らしたお茶です」といっても、だれもとんとおかまいなしだからです。世間で化学肥料の是非論があろうと、農薬の害が叫ばれようと、なるべく化学肥料を多く施し、より多くの害虫がつけば農薬をたっぷりかけて殺し、より美しいお茶を作れば高く売れる道ができ上っています。

私はかねがね、せんじて飲むお茶はもっと農薬制限があっていいはずだと思っていましたので、農薬の希釈倍数にも気をつかってきました。それでも味ということになれば、わからないことだらけです。数年前、ある青年の集まりに参加した時のこと。「お茶ってにがいものだ」という人に多く出会い、あまりにも知られないお茶の味と「甘い口ざわりのお茶」を求めて日々努力している私たちとの断絶をしみじみと感じたものでした。私でさえ、化学肥料でできた味と有機肥料でできた味などわかりようもありません。低農薬、低化学肥料のお茶など、だれも求めていないのでしょうか。

（一九七七年二月二三日朝日新聞「声」欄）

有機農業に最初に関心を持ったのは、洋子の夫富一《とみかず》（一九四五年、奈良県斑鳩町生まれ）であった。もともと三重県伊賀市の工作機械製造会社でサラリーマンをしていた富一は、卵を買うため仕事帰りにいつも立ち寄る農場で、有機農業の話を聞いた。いろんな話をするうちに、自分たちの茶畑も農薬や化学肥料を使わずに栽培することはできないものかと思うようになった。一九七二年に生まれた長男の誠を先頭に四男一女に恵まれたのだが、ちょうど子育ての最中であったことも、身の回りの環境問題に関心を向ける契機になったのかもしれない。

普段から農薬の大量撒布に疑問や不安を感じながら農作業に従事していた洋子であったが、富一の熱心な勧めに心を動かされていく。さらに二人の背中を押したのが、洋子の父春樹（一九二二年生）の言葉だった。

戦時中、海軍で潜水艦に乗っていた春樹は、広島の呉に入港した際に、現在のJR呉線忠海駅近くの瀬戸内に浮かぶ大久野島で、陸軍の毒ガス製造が行われていることを知った。厳重な防護服やマスクに身を包み、製造作業をする姿を見て只事ではない不気味さを感じた。

日本軍が毒ガスの研究を始めたのは、一九一八年のことである。翌一九年、陸軍科学研究所が設立され、第一次世界大戦で、兵器として毒ガスの使用をはじめたドイツや、フランスから技術を導入した。二五年には、びらん性の猛毒イペリットの試験製造が始まる。

そして、毒ガス量産の場として白羽の矢が立ったのが、この大久野島であった。軍事機密により、戦時中の地図からも消されたこの島では、国際法に反する化学兵器の生産がひそかに行われることになった。

また日本軍は、ナチス・ドイツがユダヤ人を虐殺するため、ガス室で使用したチクロンBを参考に、青酸殺虫剤「サイローム」を開発し、一九三二年頃から、大久野島の陸軍忠海製造所で生産を開始している。当初は殺虫剤としての使用だったが、次第に位置づけは変わり、化学兵器に転換していく（瀬戸口明久『害虫の誕生』）。

旧日本軍は、ここで製造した毒ガス兵器を中国大陸に大量に持ち込み、日中戦争の実戦で使用した。これら重大な戦争犯罪の発覚を恐れた軍部は、敗戦前後に毒ガスを中国の川や地中に遺棄して証拠の隠滅を図る。ところが戦後、そうした毒ガスが漏洩したことにより、現地の人びとに重大な被害をもたらすことになった（中国新聞社『毒ガスの島　大久野島　悪夢の軌跡』）。

敗戦後、復員して農業に復帰したのだが、戦後になって農業現場に広がったパラチオン（商品名ホリドール）など、毒性の強い農薬の撒布に強い抵抗を感じた。マスクなどの完全防備で農薬を撒布する姿が、大久野島での毒ガス製造と重なり合ったからである。春樹は、農薬のことを「殺人兵器の平和利用」だと洋子に漏らしていた。

概して篤農家ほど農協の営農指導によく従い、農薬撒布も熱心に行っていた。これが大勢だった時代には珍しいことだが、有機農業に転換したい、という洋子の意向に春樹は非常に協力的で、一も二も無く賛同してくれたのであった。

以来、洋子は春樹と母キヨから、昔の栽培方法を詳しく教えてもらい、油粕や鶏糞などの有機肥料を茶畑に大量に入れるなど、そのやり方を日々実践するようになった。化学肥料と比べて、こうした有機肥料は、量にして何倍もの投入が必要になる。そうした作業を、洋子は黙々とこなしていった。何年かすると、その成果が表れてきたのか、明らかに茶葉が分厚くなっていることに気がついた。

辰巳洋子が思いの丈を綴った朝日新聞「声」欄への投稿に、目を止めた人達がいた。一九七〇年代の日本社会は、公害や食品添加物の氾濫など、自らの生命を脅かす事態が深刻化し、日々の暮らしに対する不安が、世間を大きく揺るがせていた。そうした危機的状況を敏感に察知した家庭の主婦が中心となり、無農薬野菜の共同購入をしたり、食品添加物の勉強会を開くなど、各地でさまざまなグループが熱心な活動を展開し始めていた。

そんななか一九七五年四月に、兵庫県芦屋市で活動を開始したのが、「共同購入会　よつば牛乳を飲む会」（一九八二年に「あしの会」に名称変更）であった。名前の通り、発足当初は「より安全」で「おいしい」牛乳を、北海道から直接共同購入する目的で結成された。熱心に学習会を開いて、皆で食品公害を生みだす社会の構造を学びながら、次第に扱う品目は野菜や調味料など食品全般に広がっていった。

発足からわずか三年後の一九七八年五月の時点で、姉妹団体である「つちの会」と合わせて、約三五〇〇人（三三九グループ）にまで会員数が急拡大している。これを見るだけでも、消費者運動勃興期の熱気が、ひしひしと伝わってくるのではないだろうか。

こうした精力的な活動の背後には、女性たちが持つ危機感があった。会の発足当時、構成メンバーの多くを占めていたのが、子育て中の三〇才前後の女性であった。公害や食品添加物など、身の回りを取り巻く生活環境の悪化を日々実感する中で、皆が多かれ少なかれ「私たちの暮らしは果たしてこのままで大丈夫なのか」という不安を共有していた。

とりわけ有吉佐和子が書いた、当時のベストセラー『複合汚染』には、会員の多くが衝撃を受けていたが、これをバイブルとして、食生活を一つ一つ見直すことに努めていった。まだ幼い子どもの健康には、とりわけ神経を遣う。彼女たちの驚くべき行動力の根っこには、子どもをはじめ家族の健康を守りたいという、純粋な思いがあった。

「よつば牛乳を飲む会」（以下「飲む会」）結成直前に、準備会として作成したチラシには、彼女たちの切実な気持ちが素直に表れている。

現在では都会農村を問わず、工場の煤煙や工業排水などによる大気水質汚染が蔓延しています。私達の身体をつくり支えている食物も、農薬や各種の化学合成添加物で汚染され、ホンモノの食品の味が忘れられつつあります。

牛乳も又しかりで、加工され味付けされた牛乳がホンモノのような顔をして大手を振っているのです。

そこで私達はできるだけホンモノの食品を求めつづけたいと考えます。

（文責は代表世話人の久世恭子（当時））

もともと「声」欄の投書に注目したのは、「飲む会」会員の中岡慶子であった。その記事を、自らの引越に際して池浦康子（現「つちの会」）に託した。これを読んだ池浦は、非常に感じるところがあった。当時『複合汚染』を読んだばかりだったこともあり、そのまま飲むお茶だからこそ、農薬をできるだけ使わずに栽培したものが望ましいと思った。

一九七七年三月、池浦はそうした素直な気持ちを手紙にしたため、洋子に送った。「芦屋マダム」からの手紙を受け取った洋子は、嬉しさとともに、身の引き締まるような気分を感じていた。

池浦は、「飲む会」でお茶を扱おうと提案するも、当時は牛乳や野菜だけで十分だという意見が強く、容易に合意には至らない。だが茶を扱い品目に加えるかどうかについての話し合いは、その後も継続的にもたれるようになっていた。茶に興味を持つ会員の間からは、いくつかの産地を訪ねる動きも出てくるようになった。

そうするうちに、やはり安心して飲めるお茶が必要だという意見が、日増しに強くなってくる。農薬を撒布した後に、洗う工程もなく、そのまま煎じて飲まざるを得ない市販の茶に対する不安の声が、会員のなかに高まっていったのである。

「声」欄に記事が掲載されてから、約二年後の一九七九年二月六日、ついに月ヶ瀬村にある洋子の茶園を、「飲む会」の有志四名が訪ねることになった。見学者の一人である木下立子《りつこ》は、洋子や茶畑の印象を会報に次のように記している。

とてもハキハキした方で、私たちが来るのを心待ちにしてとても歓待して下さり、同じ主婦同志石けんの話などしてお互い初めて会った気がしないくらいに気持がはずみました。私自身様々な生産者と話し合う機会があまりなかったので、お茶の生産者を見学することで、生産者と消費者がどのようにかかわっていけばよいかとても勉強になります。辰巳さんの手紙の中に「私のお茶を買ってくれる人に言うんです。農薬は私もこわいから少なくしているのだと。河川の汚染が農薬の使用量と平行しているなどという話題に心痛む毎日です。月ヶ瀬村は割に裕福な村で、村当局、農協指導にさえ、素直に従っていれば、生産を上げ、生活も向上していっています。私のように、科学万能時代に逆らい、有機農法を目指したりすれば、水のみ百姓みたいなものですが、いくら金もうけの口があろうと、私は百姓をやめられそうにないので、今少しやりかけたことを続けるつもりです。」この言葉どおり気負いというものを感じず、自分の生活と密着した信念を感じます。なにより農薬使用によって月ヶ瀬では肝臓障害が多いとのこと。恐ろしいことです。

（「よつ葉だより」一九七九年二月二二日　No.176）

これを機に〝安心して飲めるお茶が欲しい〟との意を強くした有志のメンバーが、「お茶の会」をつくり、翌月の三月一一日に再び洋子の茶畑を訪問する。

当日の様子については、三月の訪問者の一人であった赤沢宏子が、会報でつぎのような感想を書いている。

当日は、あいにくの冬空で、時々雪の舞う寒い一日でした。月ヶ瀬村に入ると梅が満開で自動車の窓ごしに梅見をしながら、辰巳さん宅に到着しました。（中略）

前回までの話し合いで、辰巳さんとなら、生産者、消費者、それぞれの立場でお茶について、農業そのものについて、お互いに考えながら、共に進めるのじゃないかと思いました。生産者辰巳さんも交流を快く思ってくださっているようです。

（「よつ葉だより」一九七九年四月二日　No.183）

洋子は自らの畑でとれた新鮮な野菜の鍋でもてなし、町からの来訪者とさまざまな話を語り合った。「生産者と消費者が結びついていない」という問題から、ぜひ顔の見える関係をつくっていこうと盛り上がった。

どうして有機農業をめざすようになったのかたずねられて、洋子は農薬や化学肥料を多投して作るお茶に対して、自分が飲むのにも気持ち悪く感じるようになってきたのだと答えた。周囲の環境をみると、さまざまな異変が生じつつある。池の鯉に奇形が増えたりもしている。茶畑近くの井戸水も、水質が目に見えて悪化していたが、それらも化学肥料のせいではないかと感じていた。

営農指導に従って、大量に化学肥料を投入したにもかかわらず、収量は増えるどころか頭打ちになってきている。それなのにどうして近代農法にしがみつくのか、疑念ばかりが膨らんでいく。そんなことを、「飲む会」のメンバーに一つ一つ説明した。

四月になると、今度は芦屋市であった「飲む会」のグループ代表者会に、洋子も出席して、自らの茶栽培に対する姿勢を率直に説明した。大勢の出席者から、なぜ有機農業を目指すことにしたのかあらためて問われ、複合肥料の一部が、チッソ水俣工場製のものだったことも一因だと明かした。そして洋子は、一〇年先を目標に有機農法を頑張ってみるつもりだという、固い決意を述べた。自分が有機農法に切り替えて、安定した収量を生産できるようになれば、きっと周囲の茶農家も一緒に取り組んでくれるようになるだろう。そんな前向きな夢を、皆の前で披瀝した。

お互い年齢も近い主婦同士であり、それに洋子の率直で気さくな性格も相まって、会議では忌憚のない意見交換をすることができた。生産者と消費者が、直接膝を突き合わせて、質疑応答を繰り返すうちに、信頼関係はいやがうえにも強くなっていく。

そうした意見をふまえた世話人会における議論の末に、同年の一九七九年五月に収穫される一番茶から、辰巳茶の共同購入が始まることに決まった。

一九七九年産新茶の摘み取りは、遅霜の影響で五月中旬になった。産消提携によるお茶の初荷に合わせて、洋子と両親の三人で一番煎茶の袋詰め作業を行ったが、二二五キログラムの茶を五〇〇グラムづつ袋詰めする作業に、たっぷり八時間もかかった。

ようやくできあがった新茶を、「飲む会」のメンバー数名が、月ヶ瀬村まで引き取りに出向いたのが、初夏の気配が漂い始めた一九七九年六月六日のことである。座敷に招じ入れられ、皆に振舞われた新茶は、いままで味わったことのない、格別な風味に感じられた。

六月下旬にできる焙じ番茶からは、洋子たちの負担を少しでも減らそうと、袋詰め作業を「飲む会」で引き受けることにした。会員からは五五〇袋の注文が入ったので、二七五キログラムの茶葉が、芦屋市岩園町の事務所に届き、それを皆で懸命に袋に詰めていった。ワイワイガヤガヤ言い合いながら、袋詰めをしていると、面倒な作業がわずかながらも楽になるような気がした。

こうして辰巳洋子のお茶は、「よつ葉牛乳を飲む会」という提携先を得て、産地から消費者への直送という、いわば時代の要請ともいうべき形態で、提携関係は順調に推移していった。そして次第に、他の消費者グループからも、引き合いが増えていくことになった。

辰巳洋子の目標は、あくまで完全な無農薬、無化学肥料による茶づくりであった。とはいえ「飲む会」との産直が始まった後も、しばらくの間は虫害を怖れて脱農薬に踏み切ることができず、石灰硫黄合剤の撒布だけはわずかに続けていた。しかし農薬使用を完全に止めるための決意を後押したのは、久世恭子たちによる、力強い要請があったからだった。「辰巳さんのお茶を全量引き取ってもよい」というほどの熱意に気圧され、一九八九年から農薬の撒布を完全に中止することにした。

だがここからの一〇年間は、苦難の連続であった。「無農薬」や「有機栽培」と言うのはたやすいが、行うことはけっして容易ではない。茶畑の様相が変わるほどの虫害により、収量は激減し、早々に品切れになることが何年も続いた。周囲の農家は、そうした茶畑を見て、洋子のことを狂人扱いにし、嘲笑した。

しかし、日々の愚直な土づくりの成果が、やがて現れることになる。虫の被害は目に見えて少なくなり始め、収量も当初に比べて、格段に安定してくるようになった。周辺で病虫害が発生し、被害が広がっている時でも、洋子の畑だけはびくともしていないのを、近所の農家は不思議がった。土づくりには時間がかかる。農薬や化学肥料の多投で傷んだ土壌が、本来の生態バランスを取り戻すまで回復するには、長い年月がかかることを洋子は身をもって学んだ。

「飲む会」との産消提携がはじまって八年目にあたる、一九八七年のことである。「辰巳さん、お茶を出荷する時に、ぜひメッセージを入れて欲しい」という要望が出てくるようになった。最初のうちはよくわからぬまま、ハガキ大の紙片にメモ書きのようなメッセージを書いて送った。

最初に添付した「ごあいさつ」は次のような文面である。

お待たせしました。新茶をお届けいたします。

真夏を思わせるような日差しの中、六月五日に一番茶を終えました。不順な天候続きで再三の霜害を受けた新茶もやっと発送の段取りとなりました。

『農』の現場から、農薬と化学肥料に疑問を持ち、有機無農薬の茶づくりを目ざしてきて十年余りになりました。

この間、私の朝日新聞『声』欄への投稿がきっかけとなり、産直が始まり今日にいたっています。山あり、谷ありの十年間でしたが、初期からずっと援農などで支えてくださった方たちあって、今の葉香製茶があります。十年を経てやっとこれが有機農業の味ですといえるような茶になってきました。

当初は、趣味か道楽かと笑っていた村の人たちもいつのまにか笑わなくなり、村の古老のいう「お茶の後味」というのはこれかと今にして思えるようになりました。

皆さまのお口に合うかどうか心配ですが、ご賞味ください。

一九八七年六月七日　　葉香製茶

もっと読みやすいようにと思案し始めた頃、子どもたちが持ち帰る学校通信をヒントにすることを思いつく。B5サイズの用紙でタイトルは「つきがせつうしん　おちゃっぱ」にした。「顔の見える関係」をポイントに、茶園のありのままの姿を伝えるよう心がけるようになり、内容は少しづつ広がりをみせるようになった。「つうしん」のコラム欄は、富一が「ちゃかす」と命名した。もちろん「茶滓」と「茶化す」を引っ掛けてある。

梅雨なしで夏がやってくるのかと思われた六月でしたが、七月になって少々梅雨らしい日があったりのこの頃です。番茶刈りの終盤近くになって、初茶からひきつづきの疲れと真夏のような暑さに負けて、あと一反余りを残して一時中断としました。

折しも「番茶はまだですか」の電話が相次いでいます。今年の焙番茶は新芽の多い茶です。なぜならば、三回目くらいの霜が茶園の真ん中辺りの芽を凍てさせたので、その部分の萌芽が遅れます。霜のかからない部分の新芽は長けてきますので、芽の伸びを待たずに刈り取ってしまいます。すると、遅れていた芽は、番茶刈りの頃には大きくなっているというわけです。おかげさまで、予約注文分だけの焙番茶はできそうです。夏場の飲み物によろしく!(後略)

(「つきがせつうしん　おちゃっぱ」一号　一九八七年七月五日)

通信では、消費者からの便りを、毎回紹介した。「焙じ番茶が届くのを楽しみに待っていた」とか、「子どもたちが遊んだ後に飲んでもらおう」というメッセージは、一服の清涼剤のように感じられた。これまで茶づくりをあまり苦労だと思ったことがなかったが、その理由が飲む人の心と直接つながっていたからだということに、洋子は初めて気がついた。

一九八二年に工作機械製造会社を脱サラして、洋子とともに農作業に従事している夫の富一も、いつしか茶業が板につくようになっていた。茶を細く揉み上げる精揉機を使いこなすには、五感を研ぎ澄まし、わずかな音や匂いの変化を察知しなければならない。そうしたことが、結果的に茶工場全体

辰巳夫妻が無農薬有機栽培に取り組んだ茶園。三男の純一が引き継いだ

の異変を未然に防ぐことにもつながる。工場で問題が生じるのは、ほんの些細な気の緩みが関わることが多く、細心の注意が重要である。そうした心構えを、富一が真剣に語る様子に、茶業の先輩である洋子の方が、感心させられることが多くなった。

土づくりに取り組み始めてから、二〇年ほどが経つ頃になって、だんだんと「昔の味がする茶」だと思えるようになってきた。口の中に含んでしばらくすると、甘い後味となって口中に広がる、いわゆる「余甘《よかん》」という風味が、出てきたように感じられるようになったからだ。

無農薬有機栽培と口で言うのはたやすいが、じっさいに取り組んでみるとひとかたならず苦労がある。よい農機がなかった頃は、草刈はいうまでもなく、深耕作業をしてから有機肥料を大量に施肥するのにも、大変な労力を要した。人力頼りの重労働ということで、スコップの摩耗が激しく、一年ももたずに買い替えが必要になることも、頻繁に生じた。

冷夏や多雨の年には、茶園に病気が広がり、初期の頃は何度農薬のことが頭をかすめたことかわからない。しかし、洋子の有機栽培茶を、心待ちにし、信じてくれた人たちのことが脳裏をかすめた瞬間に、けっして農薬には手を出すまいと心に決めた。

一九九五年の年初、思いもよらぬ事態が発生した。一月一七日のまだ夜も明けぬ早朝、淡路島北部を震源とする大地震が、兵庫県南部を中心に近畿地方を襲ったのである。洋子たちが暮らす月ヶ瀬村でも、かつて経験したことのない揺れに見舞われた。刻々と伝えられる被害状況の大きさに愕然としながら、被災地に多くいる友人知人に電話をかけるが、一向につながらない。居ても立ってもいられず、地震発生から数日後、洋子と富一は、炊き出しができるようガスボンベや米などを二トントラックに積み込み、一路被災地に向けて出発した。

大渋滞に巻き込まれて車は全く進まず、ずいぶん遠回りをして、やっとの思いで芦屋市に着いた。未明に出発したにもかかわらず、着いたのは昼過ぎだった。現地の惨状を見て、二人はこれが本当に現実のことなのかと、信じられぬ思いがした。

芦屋市やその周辺の被害は甚大であった。西宮市の西宮神社近くに住む瀬戸慧子《さとこ》（姉妹団体の「和達《わだち》の会」）は、最初自分自身がどれだけの被害にあったのか、よく把握できなかった。いやあまりに地震の規模が大きすぎて、理解の範囲を超えていたといったほうがよいかもしれない。

地震当日の朝、揺れで熱帯魚の水槽が割れ散乱していたので、それを早く片付けることに気をとられていた。慧子の夫一寿《かずひさ》がゴミ袋を買いに行くと言って出かけたが、なかなか帰ってこない。そうするうちに、吃驚しながら戻ってきた。近くの阪神高速神戸線が途中から倒れ、寸断した高速道からバスが前輪を出した状態で、落下寸前になっていると話す。何をいっているのか、すぐには意味が分からなかった。それくらい身の回りで起こっているすべてのことが、現実離れしていたのである。

そんな瀬戸の前に、食糧を手にした洋子と富一が、ひょっこり姿を現した。

「無事でしたか」

なにがなんだかわからぬが、取るものもとりあえず、救援物資をもってきてくれた二人の厚意が、言葉にならぬほどうれしかった。

大地震は、多くの「飲む会」会員にとって、忘れようにも忘れられない記憶として刻まれている。例えば兵庫県東灘区の魚崎地区で暮らす岡野幸子の自宅は、地震の揺れで大きく傾き全壊認定となった。明日からどうしていくか途方にくれるなか、被害が比較的少なかった「飲む会」の仲間が、自宅を再建するまでの間、家に避難させてくれた。それまで取り立てて親密な間柄ではなかったにもかかわらず、自分たち家族を快く受け入れてくれたことに、言い尽くせぬほどのありがたみを感じた。

消防士として働きだしたばかりだった岡野の長男亮《りょう》は、修羅場のなかを不眠不休で救助活動にあたっていた。その間母親との連絡はつかず、もう生きていないのではないかと半ばあきらめていたという。しかし知人宅に避難していることがわかり、それまで張りつめていた緊張の糸が一気に緩んでしまった。

ほっとしたことで、いろんな話ができた。子どもの頃は、共同購入会の活動に熱中する母のことを、何度揶揄したことかわからない。岡野は、そんな息子の皮肉を「人間関係の大切さが、いつかきっとわかる日が来る」といって、いつも諭していた。街中が瓦礫だらけのなかで、親子で会話をしながら、亮はポツリとこうつぶやいた。

「やっとあの言葉の意味がわかったわ」

有機栽培のお茶づくりを始めてから、洋子の身の回りにはいくつかの変化があった。とりわけ大きな出来事は二〇〇一年四月からスタートした、有機農産物に対するＪＡＳ認証制度であろう。認証の内容が必ずしも無農薬を意味せず、認証機関により基準も複数あることから、中身がわかりにくいという問題があった。

市場を介さずに、消費者との直接的な提携関係をもとに、産直を続けてきた洋子のような生産者にとっては、認証機関に支払う費用負担も大きく、メリットは見出しにくい。しかし法律上、認証を得ずに「有機」を冠することには、罰金などが科される可能性もある。そこでやむなく、「無化学肥料農薬無し栽培茶」とすることで、消費者グループからの理解を得ることにした。

もちろん「顔が見える」提携関係を長く結んできた消費者グループの人たちにとっても、従来通り何ひとつ栽培方法が変わるわけではないことから、全く異論は出なかった。

二一世紀の幕開けとなる二〇〇一年は、洋子たち家族にとっても節目となる年になった。同年三月に、奈良県農業大学校を卒業した三男の純一が、茶農家を継ぐことになった。以後、純一は茶づくりの仕事を一つ一つ覚えていき、二〇〇五年に富一が還暦を迎えたのを機に、農業経営のすべてを引き継いだ。

そのころから、富一の体調に異変が生じ始めていた。会話をしていても、受け答えがおかしい。受診したところ、パーキンソン病が判明し、以後闘病生活が始まった。急速に身体の自由が失われ、やがて会話もままならぬ状態になってしまった。

しかしそんな中でも、二〇一四年秋に夫婦で舞鶴からフェリーで北海道旅行にいったことが、自信につながった。「船なら世界一周もできるなぁ」と、富一がつぶやいたことをきっかけに、洋子は本当に船旅で世界一周ができるのか調べてみた。すると「ピースボート」に参加すれば、それが実現することがわかった。旅程を調べると、今回は南半球を巡るコースである。

富一は、自分の父福本芳一《よしかず》が戦死した場所である、バシー海峡（台湾とフィリピンのバタン諸島との間）を、死ぬまでに一度訪ねておきたいという希望を持っていた。幸いなことに、「ピースボート」が中国の厦門からベトナムのダナンに向け南下する時に、その近海を通過するようである。

二〇一五年一二月一七日、ついに横浜を出港し、翌二〇一六年三月三〇日までかけて、「地球一周の船旅」に乗り出した。これまでずっと山深い月ヶ瀬の茶畑で、有機農業に専念してきたが、「ピースボート」に乗っている間は、一転して大海原の航海である。

思えば、人生も大きな航海のようなものであった。気がついてみると、新聞の読者欄に投稿してからすでに四〇年近くの時が経過している。当時洋子は、まだ二〇代だったのに、六六歳になってしまった。消費者との提携関係を模索しながら、いつしかかけがえのない信頼が芽生え、皆の思いに応えるために、ずっと土と向き合ってきた。

先述のとおり、洋子が送った投稿が、朝日新聞「声」欄に掲載されたのは、一九七七年二月二三日のことであった。これがきっかけとなり、「よつば牛乳を飲む会」（現「あしの会」）をはじめとする、消費者グループとの提携関係が始まった。

以来、洋子たちは毎年二月二三日を、「産直記念日」と呼んで、愛飲してくれる人たちへのお礼の気持ちとともに、初心を忘れぬ日にしている。

有機農業に取り組んだ日々は、今から振り返ると長くもあり短かくもあった。なにより有機栽培のお茶を、真っ当に評価してくれる人たちと出会ったことが、洋子が取り組むお茶づくりの方向性を決定づけた。

そんな人たちへの感謝を胸に、二〇一六年の「産直記念日」を、二人は広大な南太平洋上で迎えたのであった。

第一〇章　慈光会の設立

一九五九年六月、農薬の害を訴える梁瀬義亮の記事が新聞に載り、奈良県五條市内の卸売市場関係者から、猛烈な反発があったと先に書いた。この時、迫害を受けた梁瀬を助けようと、町の有志五〇人が「健康を守る会」（以下「守る会」）を結成した。

結成式の会場で、梁瀬は緊張した面持ちのメンバー達を前に、こう挨拶した。

「皆さん、十年後には必ず『第二のノアの洪水』が日本にやって来ます。（中略）毒の洪水の中に、皆さんの子供や孫が、いや日本民族全体が沈んでゆくのです。遠からず癌・白血病・肝臓・腎臓疾患・精神異常などが多く現われます。それが毒の洪水の溺死者です。

その毒の洪水とは第一が農薬です。これは全国を覆うはげしいものです。（中略）

今直ちになすべきことは『無農薬の農法』の開発です。そして一刻も速く第二のノアの方舟をつくらねばなりません。『第二のノアの方舟』とは無農薬農法の田圃です」

（梁瀬義亮『生命の医と生命の農を求めて』）

これを聞いて、もちろん怪訝な顔をする人もいたが、一応皆が賛成してくれた。

梁瀬は、それから「農薬の害について」というパンフレットをつくり、全国各地を講演に飛び回って、啓蒙活動を続けた。同時に、農村の視察もした。また無農薬有機栽培の農法を確立しようと、試行錯誤を繰り返しながら、少しずつ勘所が摑めるようになっていた。「守る会」では、当時としては非常に珍しい、有機野菜の直売を定期的に行った。

新聞や雑誌に、梁瀬の主張が掲載されると、一般市民の関心が一時的には高まったが、それも長続きはしなかった。一部の大学教員や農民は、熱心に支持してくれたが、大多数の反応は批判的である。一部には梁瀬を狂人扱いする者もいた。そうするうちに、「守る会」の熱気も下火となり、離脱者も出てくるようになる。こうした低調な空気が、しばらくの間続くことになった。

一九六三年の冬、農業評論家の青樹簗一から、一本の電話を受け取った。開口一番『SILENT SPRING』を読んだことがあるかと尋ねられる。青樹は、レイチェル・カーソンが書いた『SILENT SPRING』を訳しているところだという。梁瀬が書いた「農薬の害について」を一読し、訴える内容があまりに重なることに驚き、連絡してきたようだった。

寡聞にして、その時まで梁瀬は『SILENT SPRING』のことを知らなかった。翌一九六四年、同書は『生と死の妙薬』（文庫版では『沈黙の春—生と死の妙薬』に改題）の邦題で出版され、日本社会に衝撃を与えることになる。

レイチェル・カーソンは、一九〇七年ペンシルバニア州で生まれ、ジョンズ・ホプキンズ大学の大学院で学位をとった、海洋生物学者である。六一年に『SILENT SPRING』の一部分が、「ニューヨーカー」誌上で連載開始された直後から、全米の新聞や雑誌で取り上げられるなど、大きな反響を呼ぶことになる。一九六二年には、米国内で単行本化されている。

同書でカーソンは、DDTなど化学薬品の影響により、自然の生態系が破壊され、人類の未来に破滅が待ち構えている、と警鐘を打ち鳴らし、人びとに衝撃をもたらしたのだった。米国の国立公園協会や野生生物協会などは、直ちに支持を表明している。同書の一節を紹介してみよう。

自然は、沈黙した。うす気味悪い。鳥たちは、どこへ行ってしまったのか。みんな不思議に思い、不吉な予感におびえた。裏庭の餌箱は、からっぽだった。ああ鳥がいた、と思っても、死にかけていた。ぶるぶるからだをふるわせ、飛ぶこともできなかった。春がきたが、沈黙の春だった。

ケネディ大統領も「この著作に刺激されて、政府は殺虫剤問題の研究を始めた」と、記者会見で言明している。日本でも、この反響が飛び火してくるのに、時間はかからなかった。

突然、梁瀬の主張に注目が集まり始め、パンフレットの請求が殺到するようになった。これまで無関心だった日本政府も、ついに重い腰を上げ、農薬の害について研究を始めることを発表した。

ようやく国が動き始めたことをうけ、梁瀬は農業の研究は継続していくものの、いったん啓蒙活動は休止して、医師の仕事に専念することにした。一開業医の出る幕ではないと考えたからである。

同じころ、地元の有志から、道元が書いた『正法眼蔵』を梁瀬に講義して欲しいとの申し出があり、彼らとともに「五條仏教会」という勉強会を始めている。医療に従事しながら、余命いくばくもない患者の姿に胸を痛め、何とか多くの人に仏法を知らせたいと、梁瀬はいつも願っていた。

「生きる努力以上に死に対する心の準備は必要のことです。いまの人は生きることばかりを考えて、死ぬことの準備を忘れています。このお申し出をよろこんでお受けいたします。しかし、仏教の教えは果てしなく深いのです。私もようやくその入口へきたにすぎません。ここに道元禅師の『正法眼蔵』をやさしく抄録した『修証義』という本があります。『正法眼蔵』の中のお言葉をそのまま用いて実に見事につづり合わせ、やさしく仏教の神髄を概説してあります。その上なかなかの名文です。これをまずお話ししましょう」

（梁瀬義亮『仏陀よ』）

こうして毎月一回（当初は二回）、約三時間の講義を始めることになった。

農業に関する講演や原稿依頼があっても、数年間は断っていたのだが、臨床の現場で見る限り、農薬の問題は一向に減少していない。農薬や化学肥料の使用は、増加の一途を辿っているようである。

一九七〇年三月、このような風潮に業を煮やし始めた梁瀬は、もう一度、無農薬有機農法を普及させる運動に、力を入れる決意を固める。梁瀬の熱い思いに、これまで様々な局面で応援してくれた仲間も共感し、農薬や食品添加物などの問題を、啓蒙活動する団体を作ろうという機運が高まってくる。

一九七〇年は、日本万国博覧会が大阪の千里丘陵で開催された年である。敗戦後、焦土の中から復興を果たした日本が、世界有数の経済大国となり、一つのピークを迎えた時代であったともいえる。「人類の進歩と調和」というテーマを掲げた大阪万博には、一九七〇年三月から九月までの半年間で、約六四〇〇万人もの入場者が押し寄せた。

当時、私は小学二年生だったが、大阪在住ということもあり、期間中に何度も会場に足を運んでいる。いまでもよく覚えているが、会場には一種異様ともいえる高揚感が漂っていた。万博の開催からすでに約半世紀が経つというのに、まるで昨日のことのように、その情景が蘇ってくる。いったいあの熱気は何だったのか。

会場に設置された、見たこともないテクノロジーの数々に圧倒されながら、幼心にも輝ける未来を確信したものである。

大人たちも、そうした感情に大差はなかったのだろう。九月一三日の万博最終日にも、父に誘われて二人だけで会場を訪れている。まるで名残を惜しむかのように歩き回り、未来都市の光景を脳裏に刻み付けた。

和歌山県の田舎から出てきて、小さな金物屋を経営していた父は、自分のささやかな商売の成功を、眩いばかりのパビリオン群に重ねて見ていたのかもしれない。夕刻、「蛍の光」が流れる会場を、最後の最後まで立ち去り難そうにしていた父の姿を、未だに忘れることができない。

だが一九七〇年代は、高度経済成長による矛盾が様々なところから、露呈してくる時代でもあった。とりわけ梁瀬が憂えたのは、人びとを蝕む農薬禍や食品添加物の氾濫である。問題意識を同じくする同志が集まり、運動の具体的な方向性を何度も話し合い、財団法人を立ち上げる計画を練った。正式名称は、財団法人慈光会に決まった。慈光とは、阿弥陀仏により照らされる慈しみの光である。具体的事業の内容は、次の通りである。

①「農薬の害」の啓蒙運動。
②正しい農法である「無農薬有機農法」の一段の研究と実践と普及。
③協力農家の育成。

④専属農場の建設。
⑤慈光会健康食品販売所の設立。
⑥農村再建のための文化運動。

設立にあたり、地域の人達に広く寄付金を募ろうと考えていた。ところが、驚くことに慈光会設立の噂を聞きつけた多くの人から、続々と寄付金が寄せられてきた。また協力農家も、すぐに一一軒集まった。

同時に、梁瀬は慈光会自前の農場を持つ夢を描いた。往診に行った先で、その夢を漏らすと、よい場所があると教えてくれた。翌日、さっそく案内してもらうが、雑木をかき分けて難路を歩いた先には、山の頂上が近づいている。

果たして本当にこんな場所で、農業ができるのかと不安に思っていると、突然視界が開けた。五條市内が眼下に一望できる、すばらしい絶景に思わず息を飲んだ。そこに五ヘクタールもの土地が、広がっていたのである。まるで「霊地」のような景観に、梁瀬の気持ちはすぐに固まった。この土地を譲り受けることが決まり、登記のために作成した図面をみてさらに驚いた。釈尊の生地、インド亜大陸の形状と瓜二つだったからである。

翌一九七一年には、慈光会が正式に財団法人として認可された。そうした節目の年に、会員の奉仕による農場の開墾も始まった。比較的水平な場所は、蔬菜園にし、傾斜地は果樹園にする。それも種類の異なる果樹を混植することにした。

町から出る廃棄物を有効利用して、コストのかからぬ農場運営をしようと考えた。いまでいう循環型農業を先取りした形である。農園に古畳や綿屑を撒くと、雑草を抑制することになるし、保水や保温効果もある。やがてそれらは、堆肥となって土を肥やしてくれる。

蔬菜園には、鶏糞や牛糞、カブト虫の養殖業者からもらった、木屑や糞を利用して、完熟堆肥を作った。ほかにも、シイタケ栽培で使った廃木、材木業者のチップ屑など、さまざまな廃物が集まった。これらはすべて堆肥化できる。古タイヤや古畳を、山の浸食防止に利用した。これらの廃棄物は焼却処分されるのが一般的だが、慈光会の農園では大切な資源として、有効利用された。

そうするうちに道路や貯水池、倉庫、堆肥小屋など、多くの人が手弁当で整備していた施設がつぎつぎと完成し、有機農業の「聖地」としての体制が整うことになった。作付けをした野菜や果物などは、農薬や化学肥料を全く使わずに、着々と生長している。それを見た外部からの見学者は、みな驚きの声を上げていた。

一九七四年七月一日、待望の財団法人慈光会健康食品販売所が、オープンした。町の一等地を、地主が破格の地代で貸してくれ、大工の会員が建築を引き受けてくれたのだった。販売所には、慈光会農場や協力農場がつくった、有機野菜や果物、それに無添加の加工食品が並び、多くの人がそれらを目当てに押し掛けた。

梁瀬は、この販売所が単なるモノの売り買いだけでなく、温かい人間関係の回復につながることを願い、次のような文書を皆に配った。現在も、慈光会に入会すると、ほぼ同じ内容の書類が手渡される。

慈光会について

一、慈光会は自分だけでなく、他の人々の幸福を祈る善意と奉仕の人々の集いです。

二、慈光会は利潤追求の会ではありません。

三、慈光会の販売や会計、その他の事業にたずさわる人々はすべて奉仕の精神で献身的に努力しています。

四、慈光会の生産に携わる人々も利害を離れて皆様の健康をお守りする一心で、生産に励んでいます。

五、慈光会をご利用の皆様、どうぞこの主旨を理解されて、上品につつましやかに、仲よく、譲り合ってご利用下さい。公害の本《もと》は利己心です（ルビ＝引用者）。

六、慈光会販売の農作物はすべて無農薬の有機栽培ですからおいしく、栄養が高く長持ちします。加工食品も無添加の健康食品です。

七、但し　稀に無農薬栽培による減収や不合理な市価の暴落から協力農家を護るため、やや市価より高いことがありましたら、味と、栄養において御了承下さい。

敬具

慈光会の歩みと歩調を合わすように、このころ日本の農業に変革を迫る、大きな胎動が始まっていた。経済成長が何よりも優先されるなか、農業においても経済性や効率性一辺倒の風潮が蔓延していた。農薬や化学肥料に依存する近代農業により、人びとの健康が脅かされ、土壌は疲弊する一方である。そうした状況に危機感を覚える人たちが、日本社会にも確実に増加しつつあった。
一九七一年一〇月、有機農業の探求や実践、普及等をめざして結成されたのが、日本有機農業研究会（以下日有研）である。設立を呼びかけたのは、協同組合運動家の一楽照雄（一九〇六年生まれ。当時、㈶協同組合経営研究所理事長）であった。
結成趣意書の一節を紹介してみよう。

すなわち現在の農法は、農業者にはその作業によっての傷病を頻発させるとともに、農産物消費者には残留農薬による深刻な脅威を与えている。また、農薬や化学肥料の連投と畜産排泄物の投棄は、天敵を含めての各種の生物を続々と死滅させるとともに、河川や海洋を汚染する一因ともなり、環境破壊の結果を招いている。そして、農地には腐植が欠乏し、作物を生育させる地力の減退が促進されている。これらは、近年の短い期間に発生し、急速に進行している現象であって、このままに推移するならば、企業からの公害と相俟って、遠からず人間生存の危機の到来を思わざるをえない。事態は、われわれの英知を絞っての抜本的対処を急務とする段階に至っている。

当初、会の名称をどうするか、皆で知恵を出し合った。英米で三〇年くらい前から、Organic Gardening and Farming という農業が普及している。これを直訳して、「有機農業」という言葉にした。ここには、正しい農業や本当の農業、あるべき農業という意味も込められている。

一楽が有機農業の必要性に気付いたのは、六〇歳を過ぎてからのことである。日本で最初に農薬被害の声を上げたのは、九州有明海の漁民であった。干潟で採る貝が大量に死に、福岡県から流れてくる農薬類に原因があると、農協へ訴え出た。当時、一楽は、全国中央会の常務理事をしていた関係で、問題の処理に当たったが、これがきっかけで、無農薬の農業に興味を持つようになった。

各地で、農薬を使わぬ農業を実践する人がいるようだが、農協に訊ねてみても、「聞いたことがない」との返事である。その反応に、日本でもそうした農法が、もっと広がらなければいけないのではないか、と考えるようになった。

一九七一年二月、㈶協同組合経営研究所が開催したセミナー「近代化農法の反省と今後の農業」で、一楽は講師として招いた梁瀬と話した。その時、「有機農業は個人の努力だけでは影響が乏しいので、全国的に運動を展開する組織が出来ればよいのだが」と、梁瀬は希望を語った。

一楽はさっそく、その翌日から日有研の結成に取りかかりはじめ、十月一七日に発足にこぎつけることになる。以来、梁瀬は一六年間にわたり、同研究会の幹事をつとめることになった。

一楽には、忘れられない光景がある。日有研の発足直後に開いた幹事会で、有機農業の定義をどう明示するか、話し合っていた時のことである。一部の出席者から、完全無農薬や完全無化学肥料というのは、現実的ではないという意見が出た。それに追随し、同調する発言が相次ぎ、そのまま決議がなされそうな雰囲気になった。

そのとき、穏やかな口調ながら、一人敢然と反論したのが、梁瀬であった。梁瀬には、完全な無農薬無化学肥料でなければ、有機農業とは言えないという信念があった。一九五〇年代から、農薬や化学肥料を一切使わぬ「生命の農法」を確立するため、独学で試行錯誤してきた者にしか言えぬ、迫力があった。結局、梁瀬の発言に反対意見は出ず、日有研の有機農業に対する姿勢が、はっきりと定まった。

それから三年後の一九七四年秋、日有研の全国大会が東京で開かれ、朝日新聞紙上で『複合汚染』を連載中の有吉佐和子が、講師として招かれた。その席で梁瀬は、事務局の築地文太郎から、初めて有吉を紹介される。有吉は「いずれ慈光会を訪ねます」とにこやかに告げた。

一九七五年一月、有吉は当時キャスターをつとめていたNETテレビ「奈良和モーニングショー」のスタッフ三人とともに、梁瀬のもとにやってきた。有吉は、梁瀬に慈光会農場を案内してもらい、様々な話をしているうちに、その立派な人柄に感服した。

人は生命力をもっているのに、現代の医学ではそれを無視している。薬を大量に処方すれば治せるという考え方が、まかり通っているのだが、結果的に病気を治して、病人を作ってしまっているのではないか。農薬や化学肥料に依存する農業も、同様の過ちを犯している。病気になるのは、生命力が衰えているからではないのか。ならば、その衰えは何に起因しているかを、追究しなければ根本的な解決に繋がらない。梁瀬は、そうした話を切々と語った。農薬による被害が、農民にどれだけ多いかという話に、有吉は胸をつかれた。農薬や化学肥料で、土が死に農民も死ぬ。具体的なエピソードの数々は、まさに衝撃的であった。

有吉は「健康な土から、健康な農作物を作り、それを食べてこそ人間は健康に生きることができる。大地という自然の恵みなしに私たちは一日も生きることができない」と、率直な感想を新聞の連載に綴った。

朝日新聞に連載された『複合汚染』は、日本全国に反響をもたらした。これまで農業とは無縁に暮らしてきた都市住民を、覚醒させたのは間違いない。それ以上に、日々土を耕す多くの農民に、生き方の変革を迫るだけの、マグニチュードを有していた。

ここで『複合汚染』の連載記事を読み、大きく人生の針路が変わった人を紹介したい。

岩手県雫石町の山口博文（一九五〇年生まれ）は、一九六八年に岩手県立盛岡農業高校を卒業後、家業である農業を継いだ。農業高校時代に教えられたのは、大規模経営を前提にした機械による工業的な農業で、広大な校地の中で、トラクターやコンバインの免許も取得した。これからの時代は、こうした効率的な農業が主流になると、当時は固く信じていた。家を継いだ当初は、近代農業に何の疑問も抱かず、農薬や化学肥料一辺倒の栽培を続けていた。

元々、父義栄（一九二五年生まれ）は国鉄（現ＪＲ）職員だったことから、母マツ（一九二六年生まれ）が農作業を一手に引き受けていた。休日や農繁期には父も農作業をするが、普段は母や祖父母による三ちゃん農業である。なかでもマツは、先頭に立って農作業に明け暮れる毎日を送っていた。農薬を大量に撒いた田んぼに裸足で入り、リンゴには収穫までに一七回も農薬を撒布する。このような仕事を、率先して行っていた。

しかし、一九六一年頃から、マツは体調不良を訴え、思うように体が動きにくくなっていた。検査の結果、自己免疫疾患であるリウマチを患っていることが判明する。

当時は、毒性の強いパラチオン（ホリドール）を大量に撒いていた。本当はマスクやゴーグルなどで完全に防護しなければいけないのだが、現場で作業する者にとっては面倒である。つい軽装で撒布をしてしまう。一〇〇〇倍溶液を作る時も、安全性に疑問すら抱かず、気楽な調子でかき混ぜていた。

野菜の収穫後には、ホリドールの溶液を噴霧してから、出荷していた。ホルモンの作用で、野菜の生き生きとした状態が、長く続くからである。このような農薬漬けの日々が、母のリウマチ発症と関係があるのではないか。そんなふうに、山口は漠然と疑っていた。マツの体調は、日に日に悪化していくが、有効な治療法はなく、なすすべもなく見守るしかなかった。

そんな時、一九七四年一〇月から、朝日新聞の小説欄で有吉佐和子の『複合汚染』の連載が始まった。さっそく読み始めて、山口は衝撃を受けた。うすうす農薬が体に悪いのではないかと思いながら、農業に取り組んでいたが、「やはりそうだったのか」と、すとんと胸に落ちる気がした。とりわけ有吉が書いた一節に惹きつけられた。

　私がこの仕事にかかってから出会うことのできた最も立派な方を、今日から御紹介します。レイチェル・カースン女史がＤＤＴに代表される殺虫剤は生物界の秩序を乱すと警告して『サイレント・スプリング』を発表した一九六二年（昭和三十七年）。それより一年も前に日本では奈良県五條市の一開業医が、「農薬の害について」というパンフレットを自費出版していた。

これを読んだ山口は、「よし梁瀬先生に会いに行こう」と、反射的にそう思った。

一九七六年一月、農閑期を利用して、二年前に結婚したばかりの二三枝（一九五〇年生まれ）ととも

慈光会農場にて。梁瀬義範理事長（右下）

に、はるばる岩手県から奈良県五條市まで、梁瀬義亮を訪ねることにする。

『複合汚染』には、「私が慈光会をご紹介したからといって、慈光会がどこか、梁瀬先生に会いたいなどと、むやみにお問合せなさらないで下さい」と、有吉が書いている。先生は大変忙しい方だということだから、何の連絡もせず、いきなり現地に行ってみようと思った。

慈光会の販売所に行き、岩手県から来たと挨拶すると、さすがに驚いて梁瀬に電話をかけて、その旨を伝えてくれた。梁瀬は診察で手を離せなかったが、息子の義範（現慈光会理事長）が直営農場を案内してくれた。実際に有機農業の現場を見たことで、自分にとっても決して不可能でないという気持ちになった。それから梁瀬本人からも、有機農業の指導をしてもらった。

岩手に戻り、さっそく自分が育てるリンゴや野菜、米などを、すべて有機栽培に転換することにした。肥料は、飼っている鶏の鶏糞を使い、落ち葉や河川敷の草などでマルチをする。

最初は病虫害に悩まされ、リンゴ園は惨憺たる有様になった。そんな時にも、梁瀬はきっとうまくいくと、励ましてくれた。台風で壊滅的な被害が出た時も、梁瀬は親身になって気にかけてくれた。

果物の有機栽培は、非常に困難だとよく言われる。果物の役割は、次世代に命を引き継ぐために、鳥類や動物に食べてもらい、種を遠くに運んでもらわなければならない。果実が色鮮やかに実るのは、鳥や動物を惹きつけるための装飾でもある。そんな自然の戦略があるなかで、人間だけが果物を独占するのは至難である。

また日本では明治初期に、欧米から導入した品種が多く、栽培技術の確立が伴わず、農薬に依存する傾向が常態化していったという背景もあった。なかでもりんごは、極めて病虫害に弱く、農薬を使わずに生産しようとすると、皆無作になる危険性が高くなる。そうした状況の中から、上手に病虫害を避けようと、山口は自分なりの工夫を重ねていった。

摘果作業も、虫や病気を見越して、少し多めに残しておく。石灰硫黄合剤やボルドー液、木酢液なども適宜使用する。しかし病気は発生するし、虫もゾロゾロいる。

無袋栽培が主流になる中、防虫のために果実一つ一つに袋をかけていくが、その枚数は五万袋にものぼり、経費は一〇万円以上もかかる。すべて終えるのに一か月はかかる、気が遠くなるような作業である。しかし、袋を掛けるほうが、農薬を「かける」よりも、ずっと気分が良いと実感していた。

袋で日光に当たらず、さらに病気が発生すると、葉がパラパラ落ちて、どうしても糖度が上がりにくい。有機栽培だといっても、必ずしも美味しいとは言えないジレンマに苛まれていた。

近隣の農家からは、山口の農場が虫の発生源になっていると、悪評が立つ。以前は果樹共同防除組合に入り、農薬撒布のオペレーターを担当していたが、有無を言わせず一方的に脱退している。当然、閉鎖的なムラ社会の中で、非難と中傷にさらされ、孤立することになってしまった。

家族の中も、険悪な空気に包まれた。病気の母は何も言わなかったが、苦労をして自分の土地を耕してきた祖父母や父が、草だらけの田畑や、夏に葉のないリンゴの木を見て、冷静にいられるはずがない。ついには祖父が「田んぼや畑を荒らすと罰が当たる」と、勝手に農薬を撒布する「事件」もあった。

それでもめげずに、試行錯誤をしながら、四年目の一九八〇年頃から、有機栽培によるリンゴの生産が軌道に乗り始めた。うれしいことに、そのリンゴを五條市の慈光会に出荷することができるようになった。山口は、わずかながらも梁瀬に恩返しが出来たような気がした。

当時、有機農業といっても、ほとんど誰も知らなかった。もちろん市場も、有機農産物を正しく評価することができない。色や形、サイズなどの、外形的な基準しか、価値尺度をもたぬ卸売市場では、いかに安全性を訴えようと、見た目が悪ければ値段さえつかない。

そのような状況で、無農薬だから虫食いがあることを、消費者に正しく理解してもらうのは、非常に困難なことであった。仕方なく、山口は二三枝とともに、軽トラックにリンゴや野菜などを載せて、移動販売をすることにした。生まれたばかりの子どもに、母乳を飲ませながらということも、しょっちゅうである。

二人とも若かったから、土がついて、虫食いのある野菜を売り歩くのが、気恥ずかしくてならなかった。じっさい見た目が悪いと、たくさん売れ残ってしまい、仕方なく親戚に配った苦い思い出もある。お客が、せっかく家から出てきても照れ臭く、押しつけあって、お互い車から出ることができない。どこにいけば売れるのかもわからず、時間を変えたり、夜市に出してみたこともあった。

ちょうどそのころ、盛岡市で食の安全について、定期的に勉強会を開くグループがあった。一九八〇年に発足した「豊かな食べ物を求める会」である。「全ての基本は食にある。食は農があってはじめて成り立つ」をスローガンに、食を取り巻く現状に疑問や不安を持つ、主婦や学生が数人集まり開く勉強会であった。

皆で味噌やハムを手づくりしたり、農薬や食品添加物の問題について詳しく勉強を続けていた。そうするうちに、食生活に不安を感じる女性たちを中心に、すこしずつ会員が増えていった。会の活動

山口博文・二三枝夫妻のりんご園

は、年六回ほどの「定例会」、毎月の「会報」発行、食品の「共同購入」、そして「学習」し「実践」することが、主な柱であった。

発足時に中心的存在だったのは、河原俊雄である。東京生まれで、京都の大学を出てから、パン職人をしていた彼は、あるとき食と農の重要性に気づき、二〇代後半で岩手大学農学部に進んだ。学業の傍ら、「豊かな食べ物を求める会」を仲間とつくり、勉強会などに取り組んでいた。

一九八〇年の末、河原は有機農業について学ぼうと、五條市の梁瀬義亮のもとを訪ねた。農学の話題を中心に、懇切丁寧な教示を受けた。なかでも驚いたのが、「人間にとって美味しいものは、虫は食べない」という梁瀬の持論である。美味しくしようと無理をするから虫がつく、と思っていた河原にとり、そうした考えは衝撃としか言いようがなかった。

本当に健康に育った作物は、虫や病気を寄せつけない。同時に健康な野菜は、人間に取っても美味しくなる。だから結果的に、「人間にとって美味しい」健康な野菜は、病虫害とは無縁だという論法が成り立つ。確かにこう考えるなら、けっして荒唐無稽な意見ではないと、河原は理解した。

梁瀬を訪ねたことで、とりわけ大きな収穫となったのは、同じ岩手県で有機農業に取り組む山口博文・二三枝夫妻を紹介されたことである。この出会いが、「豊かな食べ物を求める会」の方向性を決定づける出来事となった。山口にとっても、有機農産物の価値を、本当に分かってくれる人たちと巡り合ったことは、この上ない喜びであった。

さっそく、山口の農園でとれた季節の野菜を数種類まとめた、「パック野菜」の共同購入が始まった。野菜だけでなく、リンゴ園の下で放し飼いにされた卵や、節目節目の餅や団子などが、一緒に届けられてくる。

共同購入は、単なるモノの売り買いではなく、信頼に基づく人格的な繋がりが基礎となっている。山口夫妻が育てた「パック野菜」のファンが拡大していき、なかでも三〇代を中心とする子育て世代が、会の中核となっていった。

会員たちが驚いたのは、山口が有機農産物だからといって、けっして高く売りつけようとしないことであった。「農薬や化学肥料を使わないから、その分安くて当然」と、ずっと割安な価格を貫いてきたことに、山口の有機農業に対する矜持を感じとった。

堆肥づくりや草取り、虫取りなど、大変な労苦を伴う農作業であるにも関わらず、そうした心配は無用とばかりに飄々としている。そんな山口夫妻の誠実な人間性に、会員たちは惹きつけられていった。

日本の有機農業運動を支えてきたのは、こうした「人と人との顔が見える」産消提携関係であった。

山口が有機農業を志す途上で、母マツの病状は悪化の一途を辿り、一九七九年に五四歳という若さで亡くなってしまった。山口は、そのことがどうしても納得できなかった。やはり母の病は、農薬が原因であったに違いない。山口には悔恨の情がずっと残った。

しかしその思いをバネに、今日に至るまで有機農業を実践し続けてきた。かつて移動販売をしていた時に、まだ乳飲み子だった三人の子ども達も、立派な大人になった。いまは長男の亮馬（一九八〇年生まれ）が、有機農業の後継者として、奮闘している。

辛いことはたくさんあった。しかし今となっては良い思い出である。梁瀬との出会いが、山口の人生を充実させたことは間違いない。

「この道を選んで本当に良かった」

終活期に差し掛かった山口は、いま心からそう実感している。

終章　一念仏往生

梁瀬医院には、未明から患者が並ぶのが、いつしか日常の光景となった。真冬であっても、朝四時頃には、順番を待つ人たちが列を作り始める。暗闇のなかで、焚火をしながら暖を取っているが、赤い炎がメラメラと燃え盛る様は、清らかで神々しくもあった。

早朝から待たせるのは気の毒だと、梁瀬は朝六時にはドアを開け、待合室に招き入れる。まるで、華岡青洲の医塾「春林軒」のように、待合室は患者でいっぱいである。診察を開始するのは、八時からである。妻のみつや、看護師も早くから準備を整え、忙しく立ち働いている（診療は月水金の週三日）。

よく日本の医者は、「三時間待ちの三分診療」と揶揄される。まるで流れ作業のような診察が、特に日本の大病院では一般的である。

しかし梁瀬の場合は、患者に対する接し方が、根本的に違った。どれだけ忙しくても、慈愛に満ちた温顔を湛えて、「長い間、お待たせしました。どうぞ、椅子におかけください。どうなさいましたか」と、丁寧に診察室に迎え入れてくれる。誰に対しても分け隔てせず、思いやりに溢れた態度で接した。

梁瀬は、一人一人の患者を非常に丁寧に診た。どんな症状か、表情や顔色はどうか、食欲はあるのか、細心の注意を払って問診をする。聴診器を当てるのも、簡単には済まさない。体内から発せられるわずかな徴候を聞き漏らさぬよう、神経を集中させる。身体に手を当てると、悪いところが伝わってくる。まさに「手当て」である。

「先生は、お念仏を唱えながら、聴診器をあててはる」と、人が噂するほど、診察には驚くほどの時間をかけた。

全国各地から、医者に見放された農薬中毒とみられる患者が、梁瀬のもとを大勢訪ねてきた。「どうかこの人の悪いところを、教えてください」と、仏様にすがるように、皆の身体を一心に診察した。

途中食事は一〇分程度で済ませ、夜の一一時頃までぶっ通しでの診療である。その後は、往診の時間である。カブに跨り、患者の家を回る。自宅に戻るのは、いつも日付が変わってからであった。帰宅後は、医学や農学、仏教の勉強である。いったいいつ休むのか、周囲が心配するほど、働きづめであった。

また、いずれ財政が立ちいかなくなるのではないかと、梁瀬医院では保険診療は行わなかった。だからといって、診療費は高くはない。むしろ格安であった。そのうえ、生活に余裕のない患者からは、お金を受け取ろうとはしなかった。

処方する薬は、評価の定まったものが基本である。錠剤は使わず、散薬を出した。それも、個々人の体質に合わせて、分量にも細心の注意を払って調合する。

そんな調子だから、暮らし向きは贅沢とは無縁である。車も当然持たない。清貧そのものの生き方を、ずっと続ける毎日であった。

有吉佐和子は『複合汚染』のなかで、梁瀬のことを「昭和の華岡青洲」と呼んだ。

五条市の傍を流れる「吉野川」は県境を越えて和歌山に入ると「紀ノ川」に名を変える。五条市から、華岡青洲生誕の地は歩いてでも行ける距離にある。青洲が世界で最初の乳癌摘出手術を行った相手は、五条の藍屋利兵衛の母親であった。

小説『華岡青洲の妻』の作者が、こうして吉野川と紀ノ川の接点で、昭和の青洲に出会うとは、なんという因縁であろうか。私には感慨深いものがあった。

いつしか患者からは、「梁瀬先生は仏さんのような方や」、「仏様の生まれ変わりや」と、絶大なる信頼を寄せられる存在となった。

一九七五年、梁瀬義亮に第九回吉川英治文化賞が贈られた。受賞理由は次の通りである。

農薬パラチオンが人体に害を及ぼすことを発見して以来、無農薬農業の啓蒙運動を進める一方、『慈光会』を設立して独自の農法を実践し成果を上げている。

顕彰とは無縁に過ごしてきた梁瀬にとって、唯一の栄誉となった。この受賞は、梁瀬の主張が、ついに社会的に認められるところにまで、到達したことを示している。これまで農薬の害を訴えると、狂人扱いされることさえ、しばしばあったことを考えると、隔世の感がした。

受賞の数年前、梁瀬の長男義範（一九五四年生まれ、現慈光会理事長）が、思いつめたような表情で、梁瀬の前にやって来た。中学三年生になり、進路の相談であった。「農業の勉強をして、慈光会農場をやりたい」と、言いに来たのだった。そして、三重県の愛農学園に進み、農業を詳しく勉強した。そんな義範も、立派に成長し、いまや先頭に立って慈光会農場を、引っ張っている。

梁瀬は以後も、講演や執筆活動に、精力的に取り組んだが、積年の無理もあり、次第に体調不良が目立つようになってきた。若い頃、兵庫県立尼崎病院で勤めていた時に、粉じん公害で喘息になっている。歳とともに、その持病がひどくなってきたようである。六〇代も半ばを過ぎると、肺がだんだんと狭くなり、咳や呼吸困難で苦しむようになってきた。一九六二年から、毎月一回（初期の頃は二回）、三時間の法話を仏教会で四〇〇回以上続けてきたが、さすがにそれも難しくなってきた。

シンガーソングライターのやなせなな（梁瀬奈々）は、一九七五年に奈良県高取町の真宗寺院で生まれた。彼女は、梁瀬義亮の遠縁にあたる。

小さい頃から優等生で、一九九〇年には大阪市内の名門四天王寺高校に進学した。だが次第に学校の授業についていけなくなり、不登校になってしまった。家でふさぎ込んでいる様子を見かねて、家族から「義亮先生のとこへ、行ってみたらどうや」と、勧められた。学校に行かされるよりましだと、梁瀬を訪ねてみることにした。

「ようこそ、いらっしゃい」と、玄関で迎えた梁瀬は、ずいぶん衰えて、がりがりに痩せこけ、足取りもおぼつかなかった。眼窩が落ちくぼみ、ぎょろっとした目が、カマキリに似ていると、ななは感じた。

梁瀬は喘息のせいで、ゼエゼエと息が荒く、苦しそうである。しかしテーブルをはさんで座り話し出すと、飄々としていて気さくである。次第にななの緊張はほぐれていった。

落ちこぼれてしまったことや、誰よりも劣っていると、みじめな気分になることを、正直に打ち明けた。

梁瀬は、ななの顔をじっと見つめたまま、黙って頷き、真剣に耳を傾けてくれた。

「つらいでしょう。でも大丈夫。世界中の人が、あなたの敵になっても、それよりもっとたくさんの仏さまが、あなたのことを見守ってくださるから。心配することなんか、なにもないよ」

その言葉を聞いて、ななの心にこみあげてくるものがあった。体中の力が抜け、目から涙がボロボロ流れ落ちてきた。それから、ななは一年間休学の後、復学して無事卒業した。

一九九〇年九月、梁瀬はNHK教育テレビ「こころの時代」で、「いのちの発見」と題して、戦争体験や有機農業に専心してきた半生について話した。これまでの人生が、走馬灯のように駆け巡った。人生の残りは、もうそれほど長くはない。半年刻みだと思って、生きていた。この時、梁瀬義亮は最晩年を迎えていた。

梁瀬が一途に追求してきた「生命の農法」とは、いったいどのようなものであったのか。無農薬有機農法だと言ってしまえば、確かにその通りなのかもしれない。しかし、単なる農業技術論であったとも、私には思えない。梁瀬はもっと深い何かを、追い求めていたというふうに感じられてならない。

最近、私は自宅近くの真宗寺院に掲示されていた標語に、ふと目を止めた。そして釘付けになった。

「私が生きている」のではない。五体に命が漲り、「私を生きている」

二〇一一年に浄土真宗大谷派で催された、親鸞聖人七百五十回御遠忌のテーマは、「今、いのちがあなたを生きている」であった。言い回しは少し違うが、言わんとすることはほぼ同じである。

どちらとも、「私（あなた）」を受動的に扱っているところが、特徴的である。自分という存在は、けっして主体的に生きているのではないということを、言明しているように思われる。

梁瀬は、結局こういうことを言いたかったのではないか、と私はその時感じた。

人は自分自身の人生を懸命に生きている。何事も自分の力で、誰の力も借りず、自発的に取り組んでいるように思い込んでいる。食欲、性欲、名誉欲などの欲求を満たすために、日々の意思決定を独断で執り行っていると信じて疑わない。

こうしてみると「私」にとって、他者の関与はほとんど無いようにみえる。自分自身が、自らの人生における主人公であり、決定者であることは、疑う余地の無いことであるように感じてしまう。

だが本当にそうなのだろうか。よく考えてみると、自分が生まれることを、自ら決めた人は誰もいない。自分の意志とは関係なく、私という存在はこの世に生まれ落ちてきたのである。

また空気や水の存在は、生命活動に不可欠であるが、それを自由に作り出すことは不可能である。地球上が生物の生きていくことのできる気温に保たれていることも、思えば奇跡的なことである。

地球環境を壊滅させることは、核兵器を使えば容易かもしれない。しかし人間がそれらを創造することは、到底できないことである。生命の生存に関して、絶対的に必要なこれら外的条件は、どれも私たちの意志ではどうすることもできない。

自分の思う通りにならないのは、ひとえに外界ばかりとは言えない。私たち個人の内面についてさえも、けっして意のままにはならない。心臓の拍動や自律神経系、内分泌系などは、自分の意志とは関係なく不随意に運営されている。

私たち自身の思考についてはどうだろう。主観とは、自分固有の考えや感じ方というふうに捉えることができる。だが本当に何物にも影響されない、主観などというものがあるのだろうか。私たちがこの世に生を受けた瞬間に、主観があったわけではない。私が主観だと思っているものは、みな私以外のなにものかから取り入れてきたにすぎない。私の主観は、他人から聞き覚えたことであるし、周辺の人たちから学び取った知識である。

反対に客観とは何だろうか。私やあなたを含まぬ客観なんて、いったいありうるのだろうか。たいていの場合、客観とみなされているものは、人びとの主観を集計したものである。つまり、客観といわれるものは、ある種の集計をした主観の集合である（中村尚司「フィールドの大地へ出よう」）。

このように主観（私）と客観（世界）は、けっして切り離すことのできない不即不離の関係にある。あらゆる生命は、主客が相互に依存しあう関係の中にしか生きていくことができない。

だがいつしか私たちは、自分のことしか見えなくなってしまった。人間本位に物事を考えることしか、出来なくなっている。そして自分がこの世に生を受けた感謝の気持ちを、忘れてしまっている。「私が生きる」という時、そこに他者が入り込む余地は極めて乏しい。「私が生きる」ためには、他の動物や植物を犠牲にするのが当然だ。他の生物は、人間のために存在しているのだと、驕り高ぶっている。私たちは、そんな人間至上主義的な発想に、何の疑問も感じなくなっている。

その最たるものが、農薬や化学肥料に依存する近代農業である。食糧生産のためには、邪魔な害虫は農薬を使って、根絶やしにしなければならない。化学肥料を多投すると、人間の意のままに農作物を増産することも可能だ。そうすることが、人類の幸福につながるのだと、多くの人は固く信じて疑わない。

しかし本当にそれでよいのだろうか。梁瀬は自問自答した。私たち人類は、さまざまな生命と共存共栄しなければ生きていけない。かけがえのない地球環境も、永続することはできない。そして人間中心のエゴイズムから脱却しなければ、私たちの文明はいずれ行き詰まることになってしまうだろう。そう梁瀬は確信した。

「私が生きている」のでは、やはりない。動物や植物など他の生命が体中に漲ることで、「私を生きている」。私たちは、さまざまないのちに「生かされている」のである。

九二年十一月頃から、梁瀬は呼吸困難がひどくなっていた。横になると息苦しいので、布団の上に座り、ほとんど眠ることができなくなっていた。病苦の中にありながらも、梁瀬は結跏趺坐の姿勢をとり、一心に「南無阿弥陀仏」と念仏を唱えていた。

「生命の医」と「生命の農」を、探求する一生だった。思い返せば、波乱万丈の歩みであった。地獄のようなフィリピン戦線から、命からがら生還を果たした。

敗戦後、日本に戻り、医師として働きながら、無農薬有機農法の重要性に気がついた。自ら有機農業に取り組み、農薬や化学肥料に拠らぬ農法を模索する日々は、結局形を変えた仏道修行であったのかもしれない。

一九九三年五月に入ると、一層衰弱は激しくなっていた。もういよいよ長くはないと、梁瀬の枕元には、長女（大藪智恵子）や次女（牧村照子）も駆けつけ、家族みんなで見守っている。部屋には好きだったベートーベンの交響曲第六番「田園」がずっと流れている。

長男の義範に、梁瀬は「僕に間違いがあれば、今言って欲しい」と問いかけた。そして笑みを浮かべた後、二度「ありがとう」と言った。すると、意識がすうっと無くなっていった。表情は、穏やかに微笑んでいるように見えた。

真理の声に、耳を傾け続けた人生が、ついに燃え尽きようとしている。人のために、身をささげた生涯だった。

そして五月一七日の夜、梁瀬は七三年の歩みを終え、静かに仏陀のもとへと旅立ったのであった。

昭和という「複合汚染」の時代において、梁瀬義亮は社会の良心であり、一筋の光明ともいえる存在であった。梁瀬が追い求めた「生命の農法」は、これからも後に続く者の道標として、ずっと引き継がれていくことだろう。

もちろん世の趨勢とは離れて、あくまで少数の理想にとどまり続ける可能性が高い。だが細部に神は宿るという。周縁にいるからこそ、社会の問題や重要な真理に気づくことができる。

梁瀬が歩んだ軌跡は、灯火のように私たちの進むべき道筋を、指し示してくれるであろう。たとえそれが、どれだけ微かな灯りであろうとも、阿弥陀如来の発する慈光のように、いつまでも私たちの心を照らし続けていくに違いない。

参考文献

◉全編を通して

梁瀬義亮『生命の医と生命の農を求めて』柏樹社、一九七八年
　『有機農業革命』ダイヤモンド社、一九七五年
　『仏陀よ』地湧社、一九八六年
有吉佐和子『複合汚染（上）（下）』新潮社、一九七五年
五條慈光仏教会『梁瀬義亮先生追悼集』一九九三年

◉序章　高度経済成長の光と影

五條市史調査委員会『五條市史　下巻』五條市史刊行会、一九五八年
レイチェル・カーソン『生と死の妙薬』新潮社、一九六四年
　『沈黙の春』新潮社、一九七四年
有吉佐和子『複合汚染』新潮文庫、一九七九年
鶴見良行『東南アジアを知る』岩波書店、一九九五年

◉第一章　仏縁

梁瀬斎聖『正信念佛講演集』正信念佛会本部、一九三三年
中村元・早島鏡正・紀野一義訳註『浄土三部経（上）』岩波書店、一九六三年

吉田裕『アジア・太平洋戦争』岩波書店、二〇〇七年
『日本軍兵士』中央公論新社、二〇一七年
「万教大和　一五一号」愛農仏道研究会、一九七六年
読売新聞大阪社会部編『フィリピン―悲島』読売新聞社、一九八三年
大岡昇平『ちくま日本文学全集　大岡昇平』筑摩書房、一九九二年
新美彰・吉見義明『フィリピン戦逃避行』岩波書店、一九九三年
阿利莫二『ルソン戦―死の谷』岩波書店、一九八七年
長部日出雄『戦場で死んだ兄をたずねて』岩波書店、一九八八年
水島朝穂『戦争とたたかう』岩波書店、二〇一三年
守屋正『フィリピン戦線の人間群像』勁草書房、一九七八年
『比島捕虜病院の記録』金剛出版、一九七三年
アナスタシア・マークス・デ・サルセド『戦争がつくった現代の食卓』白楊社、二〇一七年
ヘレン・クレイプシャトル『メイヨーの医師たち』近代出版、一九八二年

◉第二章　医師としての再出発

平野孝・加川充浩編『尼崎大気汚染公害事件史』日本評論社、二〇〇五年
岡本静心編『尼崎の戦後史』尼崎市役所、一九六九年
加藤恒雄『はじまりは団地の「公害日記」から』ウインかもがわ、二〇〇五年

◉第三章　農業と化学物質

岩本経丸他『小説「複合汚染」への反証』国際商業出版、一九七五年
藤原辰史『戦争と農業』集英社、二〇一七年
　『トラクターの世界史』中央公論新社、二〇一七年
宮田親平『愛国心を裏切られた天才』朝日新聞出版、二〇一九年
　『毒ガスと科学者』光人社、一九九一年
トーマス・ヘイガー『大気を変える錬金術』みすず書房、二〇一七年
内閣府ホームページ　http://wwwa.cao.go.jp/acw/index.html
植村振作・河村宏・辻万千子『農薬毒性の事典　第3版』三省堂、二〇〇六年
瀬戸口明久『害虫の誕生』筑摩書房、二〇〇九年
吉見義明『毒ガス戦と日本軍』岩波書店、二〇〇四年
常石敬一『毒物の魔力』講談社、二〇〇一年
ジョン・マン『特効薬はこうして生まれた』青土社、二〇〇一年
　＊マスタードガスによる細胞毒性に着目したことが、抗ガン剤開発のきっかけとなった。
事件を語りつぐ保健師・養護教諭・ソーシャルワーカーたち編『公害救済のモデル「恒久救済」』せせらぎ出版、二〇一四年
丸山博『丸山博著作集3』農文協、一九九〇年
田中昌人・北條博厚・山下節義編『森永ヒ素ミルク中毒事件』ミネルヴァ書房、一九七三年
中坊公平『中坊公平・私の事件簿』集英社、二〇〇〇年
　『金ではなく鉄として』岩波書店、二〇〇二年

＊中坊は「森永ヒ素被害者弁護団」の団長を務めた。
「サンデー毎日一九六一年二月二一日号」毎日新聞社、一九六一年

◉第四章　生命の農法

中村尚司『地域自立の経済学　第2版』日本評論社、一九九八年
『人びとのアジア』岩波書店、一九九四年
アルバート・ハワード『農業聖典』コモンズ、二〇〇三年
J・I・ロデイル『有機農法』農文協、一九七四年
保田茂『日本の有機農業』ダイヤモンド社、一九八六年
天野慶之・高松修・多辺田政弘『有機農業の事典』三省堂、一九八五年
藤原辰史『ナチス・ドイツの有機農業』柏書房、二〇〇五年
石田勇治『ヒトラーとナチ・ドイツ』講談社、二〇一五年
H・P・プロイエル『ナチ・ドイツ清潔な帝国』人文書院、一九八三年

◉第五章　農薬による健康被害

植村振作・河村宏・辻万千子『農薬毒性の事典　第3版』三省堂、二〇〇六年
横浜土を守る会編『大地抱擁』小学館スクウェア、二〇〇三年
宇根豊『減農薬のイネづくり』農文協、一九八七年
『農は過去と未来をつなぐ』岩波書店、二〇一〇年
佐藤弘『農は天地有情』西日本新聞社、二〇〇八年

桐谷圭治・中筋房夫『害虫とたたかう』日本放送出版協会、一九七七年
瀬戸口明久『害虫の誕生』筑摩書房、二〇〇九年

◉第六章　複合汚染の時代

磯野直秀『物質文明と安全』日本経済新聞社、一九七四年
『化学物質と人間』中央公論社、一九七五年
藤原邦達『食品公害の脅威』合同出版、一九八一年
有吉佐和子『有田川』講談社、二〇一四年
『紀ノ川』新潮社、一九六四年
『日高川』文藝春秋、一九六六年
『華岡青洲の妻』新潮社、一九六六年
『複合汚染その後』潮出版社、一九七〇年
有田市郷土資料館編『小説「有田川」の世界』有田市教育委員会、二〇一六年
丸川賀世子『有吉佐和子と私』文藝春秋、一九九三年
井上謙・半田美永・宮内淳子『有吉佐和子の世界』翰林書房、二〇〇四年
『新潮日本文学アルバム　有吉佐和子』新潮社、一九九五年
関川夏央『女流』集英社、二〇〇九年
橋本治『恋愛編　完全版』イーストプレス、二〇一四年
有吉玉青『身がわり』新潮社、一九九二年
『ソボちゃん』平凡社、二〇一四年

「母のこと」「オール讀物　二〇一四年七月号」文藝春秋、二〇一四年
宮本憲一『戦後日本公害史論』岩波書店、二〇一四年
宇井純『公害の政治学』三省堂、一九六八年
『公害原論1』亜紀書房、一九七一年
『原点としての水俣病』新泉社、二〇一四年
原田正純『水俣病』岩波書店、一九七二年
『水俣病は終わっていない』岩波書店、一九八五年
『いのちの旅』岩波書店、二〇一六年
高峰武『水俣病を知っていますか』岩波書店、二〇一六年
栗原彬編『証言　水俣病』岩波書店、二〇〇〇年
山本義隆『近代日本一五〇年』岩波書店、二〇一八年
石牟礼道子『苦海浄土』講談社、二〇〇四年
小林純『水の健康診断』岩波書店、一九七一年
松谷富彦『公害のはなし』ポプラ社、一九七三年
政野淳子『四大公害病』中央公論新社、二〇一三年

◉第七章　食品添加物に対する不安

天野慶之『主婦の食品手帖』風媒社、一九九〇年
柳沢文徳『食品衛生の考え方』日本放送出版協会、一九六九年
天笠啓祐・食べもの文化編集部『子どもに食べさせたくない食品添加物』芽ばえ社、二〇一四年

＊タール系色素は、動物実験で発がん性が確認されるなど、安全性に疑いがもたれている。EUが「子どもの多動症に関係があるかもしれない」と、警告表示を求めているものもある。

磯部晶策『新版・食品づくりへの直言』風媒社、一九九六年
暮しの手帖編集部編『もっと食品を知るために』暮しの手帖社、二〇〇七年
福岡伸一『新版　動的平衡』小学館、二〇一七年

＊福岡は「食物の中に生物の構成分子以外のものが含まれていれば、私たちの動的平衡に負荷をかけることになる。それらを分解し、排除するために余分なエネルギーが必要となり、平衡状態の乱れを引き起こすからである」と、食品添加物による人体への悪影響を指摘する。そして「私たちは壮大な人体実験を受けているようなものなのだ」と、食品添加物の安易な使用に警鐘を鳴らしている。

西岡一監修『すぐわかる食品添加物ガイド』家の光協会、一九九二年
西岡一『食害』合同出版、一九八四年
　『生命と食』岩波書店、二〇〇八年

＊タール色素は、かつて二四種類が認められていたが、安全性に疑問が生じたため、次々使用禁止となり一一種類に減った。ところが一九九一年に、赤色四〇号が追加されたことで、現在一二種類が認可されている。

川口啓明＋合同出版編集部編『これでわかる食品添加物表示』合同出版、一九九二年
安部司『食品の裏側』東洋経済新報社、二〇〇五年
厚生省『厚生白書　昭和五〇年版』一九七六年
『半世紀の歩み〜上野製薬労働組合50周年記念誌』上野製薬労働組合、一九九六年
林真司『「沖縄シマ豆腐」物語』潮出版社、二〇一四年
市川定夫『環境学』藤原書店、一九九三年

宮本常一『塩の道』講談社、一九八五年
中西準子『環境リスク論』岩波書店、一九九五年
　『食の安全リスク学』日本評論社、二〇一〇年
畝山智香子『「安全な食べもの」ってなんだろう?』日本評論社、二〇一一年
松永和紀『お母さんのための「食の安全」教室』女子栄養大学出版部、二〇一二年

●第八章　行動する生活者たち

飛田雄一『心に刻み　石に刻む』三一書房、二〇一六年
四〇周年記念誌編集委員会編『ゆうきすと　第一一号』食品公害を追放し安全な食品を求める会、二〇一四年
兵庫県有機農業研究会編『もうひとつの暮らしをもとめて』兵庫県有機農業研究会、一九八八年
日本経済新聞「ミカンの親ゲノムで探る」二〇一七年四月一〇日
祖田修『鳥獣害』岩波書店、二〇一六年

●第九章　有機栽培の茶づくりに生きる

『月ヶ瀬村史』月ヶ瀬村史編集室編、一九九〇年
中国新聞社「毒ガスの島」取材班『毒ガスの島』中国新聞社、一九九六年
吉見義明『毒ガス戦と日本軍』岩波書店、二〇〇四年
瀬戸口明久『害虫の誕生』筑摩書房、二〇〇九年
よつ葉牛乳を飲む会編「よつ葉だより　縮刷版No.1」一九七八年
　「よつ葉だより　縮刷版No.3」一九八〇年

「よつ葉だより　縮刷版No.4」一九八一年
辰巳洋子・辰巳富一『産直通信で綴る農婦のツイッター』あまのはしだて出版、二〇一一年

◉第一〇章　慈光会の設立

レーチェル・カーソン『生と死の妙薬』新潮社、一九六四年
一楽照雄『暗夜に種を播く如く』農文協、二〇〇九年
国民生活センター編『日本の有機農業運動』日本経済評論社、一九八一年
桝潟俊子『有機農業運動と〈提携〉のネットワーク』新曜社、二〇〇八年
日本有機農業研究会編『有機農業ハンドブック』農文協、一九九九年
チーム記念誌編『大きなテーブルを囲む家族のように』〝豊かな〟食べものを求める会、二〇一二年

◉終章　念仏往生

やなせなな『歌う。尼さん』遊タイム出版、二〇一〇年
中村尚司「フィールドの大地へ出よう」中村尚司・広岡博之編『フィールドワークの新技法』日本評論社、二〇〇〇年

あとがき

二〇二〇年は、波乱の幕開けとなった。前年末に、中国の武漢で流行しはじめた新型コロナウイルス感染症が、瞬く間に世界中に広がり、各地で感染爆発を引き起こしている。崩壊の淵に立たされた医療現場は、阿鼻叫喚の巷と化し、感染者はバタバタと倒れていく。死屍累々の惨状に、私たちはなすすべもない。まるでSF映画を見るような、信じられない情景に、言葉を失ってしまう。しかしこれは、残念ながら紛れもない現実である。人類に降りかかったこうした災厄を、私たちはどのように受け止めればよいのだろうか。

コロナウイルスによる被害者は、本当に人間なのか。これは、いま私たちに突き付けられている、自然界からの問いかけでもある。豊かな自然環境は、もはや地球上にほとんど残されてはいない。長らく人跡未踏であった熱帯雨林のジャングルでさえも、乱開発にさらされ、いままさに瀕死の状態にある。

熱帯雨林は、多様な生命を育んでいる。(生命か疑問だが)ウィルスも、その例外ではない。ところが近年、そうした狭いエリアで、特定の生物と共存していたウィルスが、環境破壊で解き放たれ、ヒトの細胞に取り付き、感染が広がるようになった。数年前に、強い致死性を持つエボラ出血熱が、アフリカ大陸で猛威を振るったことは記憶に新しい。今回の新型肺炎も、これまでに感染拡大したウィルスと同種の経路をたどり、人類に波状的に広がっていったのかもしれない。人びとの強欲で利己的な振る舞いが、結果的に自らを窮地に追い込み始めている。自然界からの悲痛な叫び声が、私たちの耳に聞こえてくるようだ。

本書の主人公である梁瀬義亮は、一九五〇年代から農薬による人体への悪影響を、世に問い始めた。奈良県五條市の開業医であった彼は、体調不良を訴えて来院する農民を診察するうちに、農薬の危険性に確信を持った。

人間の都合だけにあわせて、農薬で害虫を排除しようとする発想は、生命に対する冒とくに他ならない。私たちを取り巻く自然環境は、無数の生命が絶妙な調和を形成している。にもかかわらず、人類は生命に対する畏敬や感謝の念を忘れてしまっているのではないか。このままでは私たちの文明は、遠からず行き詰ってしまうに違いない、と梁瀬は警句を発し続けた。

今年で、梁瀬の没後二七年が経過したが、今更ながら彼の言葉を思い起こさずにはいられない。今回のコロナ禍から、私たちはどんな教訓をひきだすことができるのだろうか。この災禍が、人間至上主義的な現代文明の転換点になることを、痛切に願うばかりである。

私は、幼いころから食べ物に対する関心が強かった。五條市出身の祖母や母から、梁瀬義亮の話を、頻繁に聞かされていたことも、大いに関係している。五條市役所近くにある外祖母の実家は、梁瀬が生まれた宝満寺を菩提寺としていた。そうしたことから、私も度々墓参に連れていかれたものだった。

とりわけ有吉佐和子が『複合汚染』のなかで、梁瀬を紹介した時の印象は鮮明である。農薬による人体への害をいち早く訴え、「生命の医と農」がどれだけ重要であるかを説いた梁瀬の思想が、私の針路に少なからぬ影響を与えた。長じて、自ら有機野菜を扱う食料品店を開業したことも、その延長上に位置づけられるのは間違いない。

やがて私は自然食品店をたたみ、大学院に進むことになる。大学院での研究テーマも、けっして食から離れることはなかった。沖縄のシマ豆腐について研究し、修士論文を提出したが、その後も延々十数年間にわたり調べ続けた。小学生時代から続く、食べ物へのあくなき興味が、結局私の人生を導くことになったようである。

梁瀬義亮の生涯を描いた本作は、いわば私の原点回帰ともいえる作品である。出版不況の折、地味な作品を形にしてくださった、みずのわ出版代表の柳原一徳さんには、この場を借りて深甚なる謝意を表したい。

龍谷大学大学院の中村尚司・田中宏合同ゼミにおいて「民際学」を学んだことが、私の大きな財産となっている。学問に取り組む真摯な姿勢のみならず、社会の少数者にむけるお二人の温かいまなざしから、どれだけ多くの事柄を学んだことだろうか。私はつねに、二人の師匠の後ろ姿を見ながら歩んできた。

落ちこぼれの私が、曲がりなりにも研究を続けてこられたのは、偉大な目標である両先生の存在なくしてはあり得なかった。最後になるが、これまで受けた学恩に対する感謝の気持ちを込めて、本書を中村尚司先生と田中宏先生に捧げたい。

事項

書名・誌名・論考など

索引

人名

林 真司——はやし・しんじ
ノンフィクション作家。一九六二年大阪生まれ。龍谷大学大学院経済学研究科修士課程修了（民際学研究コース）。有機野菜などを扱う食料品店を経営後、一九九九年に同大学院に入り、「民際学」の提唱者中村尚司氏や田中宏氏に師事する。同時に、シマ豆腐の調査を開始し、その成果をまとめた『「沖縄シマ豆腐」物語』（潮出版社）で、二〇一三年第一回「潮アジア・太平洋ノンフィクション賞」を受賞。食べ物を通して、人間の移動や交流について考察を続けている。

生命《せいめい》の農《のう》——梁瀬《やなせ》義亮《ぎりょう》と複合《ふくごう》汚染《おせん》の時代《じだい》

二〇二〇年八月一五日　初版第一刷発行

著　者　林 真司
発行者　柳原一徳
発行所　みずのわ出版
山口県大島郡周防大島町西安下庄庄北二八四五
〒七四二−二八〇六
電話　〇八二〇−七七−一七三九（F兼）
振替　〇〇九九〇−九−六八三四二
E-mail mizunowa@osk2.3web.ne.jp
URL http://www.mizunowa.com

印　刷　株式会社 山田写真製版所
製　本　株式会社 渋谷文泉閣
装　幀　林 哲夫
プリンティングディレクション　黒田典孝
（㈱山田写真製版所）

ISBN978-4-86426-045-9 C0036